EMIRJES MAZA

ESTUDO DOS HAPLÓTIPOS DO GENE HBB EM CRIANÇAS VENEZUELANAS EM IDADE ESCOLAR

EMIRJES MAZA

ESTUDO DOS HAPLÓTIPOS DO GENE HBB EM CRIANÇAS VENEZUELANAS EM IDADE ESCOLAR

HAPLÓTIPOS DO GENE HBB

ScienciaScripts

Cover image: www.ingimage.com

This book is a translation from the original published under ISBN 978-620-0-02147-2.

Publisher:
Sciencia Scripts
is a trademark of
Dodo Books Indian Ocean Ltd. and OmniScriptum S.R.L publishing group

120 High Road, East Finchley, London, N2 9ED, United Kingdom
Str. Armeneasca 28/1, office 1, Chisinau MD-2012, Republic of Moldova, Europe
Managing Directors: Ieva Konstantinova, Victoria Ursu
info@omniscriptum.com

Printed at: see last page
ISBN: 978-620-8-57787-2

DEDICAÇÃO

Em primeiro lugar, agradeço a Jeová, meu Deus, por me ter abençoado grandemente e me ter dado a força e a oportunidade de realizar um dos meus maiores sonhos.

Aos meus maiores amores, os meus filhos Vivian Bernabé, Carlos Alberto e Jeremy Franklyn, adoro-os com a minha alma, foram eles o impulso para alcançar este objetivo na minha vida, e por muitas mais coisas os amo meus lindos filhos. Que esta conquista sirva de guia para os seus estudos para que eles possam se aperfeiçoar.

Ao meu grande amor, à minha vida Franklyn David Figueroa Colón, meu amado marido, obrigada por me teres orientado nos meus estudos, és um grande homem, admiro-te por seres uma pessoa muito inteligente, humilde e incondicional. Amo-te, amo-te com a minha alma.

Aos meus pais, Mirian Cortez De Maza e Jesús Maza, pelo seu amor incondicional. Por terem feito de mim a pessoa que sou, por me terem guiado nos estudos e apoiado em todos os momentos da minha vida, amo-vos com a minha alma.

Aos meus irmãos e irmãs, obrigada por tudo Edison, Edwin, Emerson e Eligia porque as minhas alegrias também o são, amo-vos muito, e às minhas cunhadas Glendys, Ana e Carmen, obrigada, amo-vos muito.

Estou muito grata à minha sogra Hilda Colón pelo seu apoio, e aos meus cunhados Carlos, Jorge, Brenda, Glisenis e Mariángeles por me terem ajudado sempre que puderam, amo-os muito.

A todos os meus sobrinhos e sobrinhas, a começar por Edwin, Egleidys, Edwmairis, Edigles, Ederson, Cezeus, Edigleinys, Edison Jesús, Irlanda, Naomi, Naolys, Sebastián, Aroncito e Jorgito, amo-vos muito.

Às minhas amigas e comadres (Sara, Patrícia, Gladelys, Giliannys, Leomargarit, Dayana, Marilyn), pelas diferentes contribuições e apoios, e por estarem sempre dispostas a colaborar em todos os momentos. UM OBRIGADO!

OBRIGADO

À Universidad de Oriente (UDO) e às minhas tutoras, María José González e Martha Bravo, obrigada por estarem presentes em cada uma das facetas deste trabalho de investigação e pela vossa grande colaboração, agradeço do fundo do coração tudo o que fizeram por mim.

A todos os que trabalham no Laboratório de Investigação de Hemoglobinas Anormais (LIHA).

Aos diretores, docentes e trabalhadores da E. B. "Cruz Salmerón Acosta" de Araya e Manicuare pela sua atenção e colaboração. Não tenho palavras para lhes agradecer por tudo o que me ajudaram nesta etapa da minha vida.

Aos pais das crianças, por me terem permitido recolher e utilizar as amostras para este estudo.

À bioanalista María Figuera pela sua colaboração no Laboratório Clínico.

localizado no Hospital I "Virgen del Valle" no município de Cruz Salmerón Acosta, Araya.

Ao meu compadre, Licenciado Bioanalista Alexis Urbaneja e Jesús Marchant, pela sua colaboração na recolha das amostras de sangue.

Aos projectos FONACIT MC-2007001066 e MC 2008001053 que financiaram esta investigação.

A todos os professores que contribuíram com um grão de areia no meu tempo de estudante, em especial à Professora Gisela Estrella por cada uma das suas palavras, que foram um grande impulso para o meu amadurecimento como mãe, esposa e estudante. Muito obrigada, amo-vos muito.

A todas as pessoas que, de uma forma ou de outra, me acompanharam nesta etapa da minha vida. Muito obrigado a todos, que Jeová vos abençoe.

ÍNDICE DE CONTEÚDOS

RESUMO

*Foi efectuado um estudo da frequência das hemoglobinopatias e dos haplótipos do gene HBB nas localidades de Araya e Manicuare, município de Cruz Salmerón Acosta, estado de Sucre. Entre as duas populações, foi analisado um total de 289 amostras de sangue periférico de crianças em idade escolar. Foram colhidas aleatoriamente 132 amostras de sangue periférico na população de Araya e 157 amostras em Manicuare. Os parâmetros hematológicos (Hb, Hcto, CHCM, VCM, HCM) foram analisados por um analisador hematológico automático. Amostras de sangue periférico foram então analisadas por eletroforese em membranas de acetato de celulose a pH 8,6 para identificar as variantes de hemoglobina presentes nos escolares, encontrando 6,2% (n=18) de variantes de hemoglobina em indivíduos não aparentados e 93,8% (n=289) de indivíduos homozigotos para Hb A. As amostras que tiveram variantes detectadas foram analisadas pelo HPL-CE para confirmação, relatando a variante Hb S com uma frequência de 3,8% (n=5) e a presença de Hb A2↑ com 1,5% (n=2) na população de Araya, da mesma forma foi encontrada uma frequência de Hb S (3,2%) (n=5) e Hb A2↑ com 3,8% (n=6) na forma heterozigota em Manicuare. Uma vez confirmada a presença de mutações no gene HBB nas duas populações, as regiões do cluster do gene HBB: 5'ε, $^{(G)}\gamma$, $^{(A)}\gamma$, ψβ e 3'ψβ foram amplificadas e cada uma delas foi digerida com as enzimas de restrição específicas HincII e HindIII. Através desta análise, foi possível identificar as caraterísticas de 7 haplótipos do gene HBB*A em escolares da população de Araya, sendo os mais frequentes: haplótipo 2 com 38,4%, seguido de 1 e 10 (15,4%) e um haplótipo atípico A (++-+-) com 7,7%. Em seguida, foram identificados 5 haplótipos do gene HBB*A na população de Manicuare, sendo o haplótipo 2 o mais frequente (53,8%), seguido dos haplótipos 1, 11 e um haplótipo atípico A (++-+-) com 15,4%. No caso dos haplótipos do gene HBB*S identificados na população da escola Araya, o haplótipo CAR foi encontrado com 75% e um haplótipo S atípico com 25%, e na população de Manicuare foram identificados os haplótipos CAR e Ben (40%), seguidos pelo haplótipo Cam (20%). Estes resultados diferem dos registados nos municípios de Rivero, Bolívar e Benítez e estão de acordo com os resultados registados no município de Sucre. Assim, as populações de Araya e Manicuare, município de Cruz Salmerón Acosta, estado de Sucre, mostraram uma distribuição particular de haplótipos, encontrando uma frequência elevada para o haplótipo Bantu, o que significa que os indivíduos africanos da África Central foram dispersos pelo leste da Venezuela e, por conseguinte, o haplótipo CAR é o mais frequente em Araya e, em Manicuare, Benin e CAR foram encontrados com a mesma proporção. Sugerindo duas histórias diferentes para o tráfico de escravos africanos e, com elas, a distribuição e a origem das hemoglobinopatias no leste da Venezuela (estado de Sucre).*

Palavras-chave: *haplótipos, HBB, células falciformes, traço falciforme.*

INTRODUÇÃO

A hemoglobina (Hb) é uma heteroproteína do sangue, que se encontra nos glóbulos vermelhos, transportando o oxigénio dos órgãos respiratórios para os tecidos (Perutz, 1972; Rodríguez e Sáenz, 2005) e o dióxido de carbono dos tecidos para os pulmões (Malcorra, 2001; Vives, 2001), estando também envolvida na regulação do pH sanguíneo em vertebrados (Giardina et al., 2004). A hemoglobina é constituída por uma estrutura proteica tetramérica, que varia estruturalmente de acordo com a fase de desenvolvimento embrionário. No ser humano, durante os primeiros três meses de vida uterina, são sintetizados três tipos de hemoglobinas embrionárias, denominadas Gower I, Gower II e Portland (Talmaci et al., 2004; Pérez, 2015). No quarto mês de gestação, inicia-se a síntese da hemoglobina fetal Hb F ($\alpha_2\ \gamma_2$), que forma 80% da hemoglobina total do feto (Peñuela, 2005; Pérez, 2015).Após o nascimento, durante os primeiros três meses de vida, a hemoglobina fetal diminui e a hemoglobina adulta Hb A_1 ($\alpha_2\ \beta_2$) é sintetizada, com uma proporção de 97% de hemoglobina (Kunkel e Wallenius, 1955; Kazazian, 1990). É importante referir que a Hb F estará sempre presente no organismo a 0,5% e a Hb A_2 ($\alpha_2\ \delta_2$) a 2,5%, perfazendo um total de 100% de hemoglobina no ser humano (Malcorra, 2001; Salazar, 2004; Lewis et al, 2008).Os genes que codificam as hemoglobinas estão localizados em dois cromossomas diferentes formando blocos, o bloco alfa (α), localizado no cromossoma 16, que consiste nos genes alfa (α) HBA e zeta (ζ) HBZ, e o bloco de genes beta (β) HBB, localizado no cromossoma 11, constituído pelos genes epsilon (ε) HBE1, gama (γ) HBG ($^{G}\gamma\ ^{A}\gamma$), delta (δ) HBD e beta (β) HBB (Hoffman et al., 2000; De las Heras e Pérez 2008; Duran et al., 2012; Romero et al., 2015). A hemoglobina é considerada a molécula modelo, pois contribuiu substancialmente para a compreensão dos princípios básicos da genética e permitiu detetar e identificar mutações nos genes que codificam as cadeias de globina das hemoglobinas (Peñuela, 2005; Sáenz, 2005; Brandan et al., 2008; Vera, 2010). Estas alterações dão origem às doenças genéticas hereditárias mais comuns que afectam os seres humanos (Pathrapol et al., 2010), como as hemoglobinopatias. Compreendem um grupo de doenças autossómicas recessivas resultantes de mutações pontuais, ou seja, a substituição de um nucleótido do ADN por , que modifica o código genético e pode induzir uma alteração num aminoácido da globina resultante (variantes estruturais), sendo as mais frequentes a nível mundial a hemoglobina S (Hb S), C (Hb C), E (Hb E), H (Hb H) e a hemoglobina D punjab ou Los Angeles (Hb D- punjab) entre outras (Martinez et al., As alterações da hemoglobina também podem ser o resultado de mutações que afectam a expressão do gene HBB, que causam uma diminuição total ou parcial da síntese das cadeias proteicas da hemoglobina, conhecidas como talassemias. Os diferentes tipos de talassemia são classificados de acordo com as cadeias de globina afectadas, sendo as mais comuns a α, a β e a δβ-talassemia (Vargas, 2011; Villalba, 2015). Por último, existe a persistência hereditária de hemoglobina fetal (PHHF), que se caracteriza por uma síntese elevada de Hb F na idade adulta (Pérez, 2015). Foram descritas mais de 750 variantes de hemoglobina identificadas no homem, algumas com significado clínico e outras com significado antropológico (Arends et al., 2007; Bernal et al., 2010; Romero et al, 2015).Acredita-se que a origem da Hb S tenha ocorrido há 30 000 anos, a partir de uma mutação pontual no ADN, que resultou na substituição da adenina pela timina no gene HBB, levando a uma mudança do ácido glutâmico para a valina no códão 6 da cadeia polipeptídica da beta globina, causando a polimerização da Hb S desoxigenada no glóbulo vermelho, como o ácido glutâmico é polar e a valina é apolar, este facto diminui a solubilidade da hemoglobina e dá origem a uma rede gelatinosa de polímeros fibrosos denominados tautóides, que se aglutinam e deformam a membrana dos glóbulos vermelhos dando-lhe uma forma de foice ou foice, provocando a sua rigidez (Romero et al., 2015). Os homozigotos com Hb SS ou afectados com anemia falciforme sofrem de uma sintomatologia consistente com uma rápida destruição dos glóbulos vermelhos e oclusão da membrana dos glóbulos vermelhos (Romero et al., 2015).dos vasos sanguíneos, levando a dactilite, sequestro esplénico e infecções bacterianas na primeira infância (primeiros 5 anos), crises dolorosas e úlceras nos membros na adolescência, e danos nos rins e pulmões após os 30 anos (Romero et al., 2015). Estes sintomas podem surgir no início da vida e podem ser fatais se não forem tratados a tempo (Zafeiriou, 2006; Duran et al., 2012). Os portadores de Hb S são assintomáticos, com níveis basais de Hb, morfologia sanguínea e desenvolvimento físico normal. A concentração de Hb S é inferior a 50%; no entanto, em algumas circunstâncias de anóxia, podem ocorrer complicações. Os heterozigotos Hb AS têm uma anemia ligeira e, em circunstâncias normais, têm a mesma eficácia biológica que os homozigotos Hb AA, com a vantagem de a Hb falciforme os proteger contra o parasita da malária, um fenómeno designado por polimorfismo compensado. Nos homozigotos (Hb SS), o baixo parasitismo pelo P. falciparum pode acentuar a hemólise e aumentar a vasooclusão, podendo causar a morte do indivíduo no início da infância. Nestas condições, a heterozigotia para a hemoglobina S confere uma vantagem selectiva em regiões onde a malária é endémica (Pérez, 2015; Villalba, 2015). A anemia falciforme e o traço falciforme predominam na raça negra, sendo mais frequentes na África subsaariana, onde o gene se encontra em até 90% da população, e nos afro-americanos descendentes em 10% da população (Nagel, 1984; Villalba, 2015).Outra variante da hemoglobina, mais frequente a nível mundial é a Hb C, esta variante resulta de uma mutação no mesmo codão 6 da cadeia polipeptídica da beta globina, nesta, a mudança é do ácido glutâmico para a lisina, daí o seu desvio catódico a pH 8,6. É considerada uma mutação independente da Hb S; parece ter uma origem localizada única na costa ocidental de África. Hb C desidratação dos eritrócitos e formação de cristais intracelulares (Garcia et al., 2009; Garcia et al., 2010). Os indivíduos homozigóticos (Hb C) apresentam sintomas caracterizados por anemia hemolítica de intensidade ligeira a moderada com esplenomegalia; a semi-vida dos eritrócitos está diminuída e formam-se microesferócitos na circulação. A dupla heterozigotia Hb SC conduz a uma doença falciforme grave; no entanto, é menos grave do que a doença falciforme. O heterozigoto (Hb AC) é assintomático e só é descoberto em estudos de base populacional (Lewis et al., 2008; Garcia et al., 2010; Villalba, 2015).Estudos recentes mostraram que a Hb C também exerce um efeito protetor contra a infestação por P. falciparum, a descoberta foi feita por Fairhurst et al (2005). A descoberta foi feita por Fairhurst et al (2005). Isto porque os eritrócitos normais permitem a ligação do parasita a proteínas de adesão, conhecidas como PfEMP-1 (Plasmodium falciparum Erythrocyte Membrane Protein 1), através das quais os glóbulos vermelhos se ligam às paredes dos vasos sanguíneos e não podem ser destruídos pelo baço. Assim, a variante da hemoglobina C também confere uma vantagem selectiva em regiões onde a malária é endémica (Garcia et al., 2010; Villalba, 2015). Dentro do gene HBB, para além das mutações que dão origem às variantes estruturais e às talassemias, existe também um grupo de mutações silenciosas conhecidas como polimorfismos genéticos. O padrão de combinação destes polimorfismos dá origem aos haplótipos que são herdados juntamente com a mutação da Hb S, conhecidos como mutação do gene HBB*S. São conhecidos cinco haplótipos principais da mutação do gene HBB*S, sendo os principais: Senegal (Sen), Camarões (Cam), Benin (Ben), Bantu ou CAR e Asiático ou Árabe/Indiano (Shimizu et al., 2001), a distribuição geográfica particular dos haplótipos africanos (Sen, CAR, Cam, Ben) em todo o mundo, derivada de padrões migratórios ancestrais através do deserto do Sara para o continente americano (Pérez, 2015), o que poderia explicar por que razão a distribuição da mutação do gene HBB*S e da malária é a mesma, e que em África se deve a movimentos populacionais e a barreiras naturais como o deserto do Sara, que limitam a propagação do Plasmodium falciparum (Pérez, 2015;

Villalba, 2015). Os haplótipos do gene HBB*S foram designados de acordo com a área geográfica de África onde predominam e são utilizados como marcadores genéticos de origem africana em estudos populacionais. (Arends et al., 2007; Duran et al., 2012; Villalba, 2015).Os haplótipos do gene HBB*S podem ser diagnosticados através da técnica molecular, polimorfismo de comprimento de fragmentos de restrição (RFLP's) Long et al., 1990), dependendo do padrão de corte com enzimas de restrição específicas, pode ser indicada a presença (+) ou ausência (-) de locais polimórficos que produzem fragmentos de diferentes comprimentos (De Galiza e Da Silva, 2003). A caraterização haplotípica do cluster do gene HBB pode ser obtida estudando cinco sítios polimórficos em 5'ε, $^{(G)}\gamma$,$^{(A)}\gamma$, ψβ e 3'ψβ (Sutton et al., 1989; Arends et al, 2007) em DNA amplificado pela técnica molecular de reação em cadeia da polimerase (PCR), esta técnica permite a deteção de diferentes mutações através da utilização de primers de oligonucleótidos ou primers normais e primers contendo nas suas extremidades 3' mutações complementares à sequência de DNA mutante, hibridizando o DNA a estudar com os primers mutados e a presença de um produto de amplificação específico permitirá a identificação da mutação. Para este efeito, são utilizados tantos primers quantas as mutações a estudar (Bavilaquia et al., 1995; Bravo-Urquiola et al., 2007). importância das hemoglobinopatias no campo da saúde levou a um desenvolvimento acelerado de tecnologias para a sua análise em laboratório, nomeadamente para um diagnóstico rápido e preciso (Ruíz, 2003; Peñaloza et al., 2008; Romero et al., 2015). Entre estes, destacam-se os métodos que permitem a deteção direta da perturbação genómica associada a cada uma das diferentes alterações moleculares da hemoglobina (Romero et al., 2015), cuja caraterização permitiu decifrar os mosaicos culturais e étnicos de determinadas populações e explicar, pelo menos parcialmente, a heterogeneidade clínica das diferentes variantes da hemoglobina (Villalba, 2015). Um desses métodos é a técnica bioquímica, a eletroforese em membranas de acetato de celulose a pH alcalino, que permite a separação das variantes de hemoglobina de acordo com a sua carga eléctrica (Tan et al., 1993; Bravo-Urquiola et al., 2004; Calvo-Villas et al., 2006; Colah et al., 2007; García et al., 2009). É também frequentemente utilizada a técnica de cromatografia líquida de alta eficiência de troca catiónica (HPLC-EC), capaz de determinar as percentagens relativas das hemoglobinas A_1, A_2 e F e de quaisquer variantes da hemoglobina A_1, A_2 e F. A técnica de HPLC-EC é também utilizada de forma inequívoca, garantindo a cobertura e melhorando a capacidade de diagnóstico, reduzindo os custos, relativamente a outras técnicas (Bravo-Urquiola et al., 2007; Romero et al., 2015). As diferentes alterações no gene HBB foram descritas pela primeira vez na África subsaariana e nas regiões mediterrânicas por Pauling et al. (1949) e Labie et al. (1984). Em 1961, um estudo de Arends e do seu grupo de investigadores encontrou uma frequência de hemoglobinopatias de 1,6% na Venezuela (Arends, 1984; Arends et al., 2007). Para 2007, relataram uma frequência de 2,4% de variantes de hemoglobina no país (Arends et al., 2007), o que representa um ligeiro aumento de 0,8%. De acordo com estudos anteriores, as áreas onde diferentes hemoglobinopatias anormais são prevalentes na Venezuela são as populações de Tapipa, estado de Miranda; Campoma, Cariaco, município de Rivero do estado de Sucre e a área costeira do estado de Aragua, entre outros, encontrando a maior frequência de hemoglobinopatias onde o componente africano é predominante (Arends, 1971; Salazar, 1995; Salazar et al., 1996; Turgeon, 2006; Oropeza et al., 2014).A presença na Venezuela dos genes que causam as diferentes variantes de hemoglobina remonta ao século XVI, quando, na época da colonização, os conquistadores espanhóis trouxeram para a América genes caucasianos da maioria dos países europeus (principalmente Espanha) e, através do mercado de escravos, genes negros de praticamente todos os países africanos (Sáenz, 1988). Também vinham escravos fugidos de Curaçao e Trinidad que permaneciam livres na selva e eram chamados de "negros quilombolas", que formavam comunidades isoladas (Arends et al., 2007).Com a chegada dos africanos ao nosso país, foram introduzidas as variantes S e C. A distribuição destas variantes parece seguir um padrão intimamente relacionado com a deslocação e estabelecimento das populações negras no país. nacional. As frequências mais altas são encontradas em populações costeiras, com uma diminuição abrupta em populações localizadas na cordilheira dos Andes (Salazar, 2004; Arends et al., 2007). Em 1996, foi realizado um estudo sobre variantes de hemoglobina em crianças em idade escolar em Araya e Manicuare, município de Cruz Salmerón Acosta, estado de Sucre. Em 200 amostras recolhidas, foi encontrada uma frequência de 2,5% de variantes de hemoglobina na população escolar de Araya, e na população escolar de Manicuare, foi determinada uma frequência de 0,74% em 135 amostras (Betancourt, 1995; Salazar et al., 1996).Num estudo realizado sobre hemoglobinopatias na população de Guariquen, município de Benítez, foi determinada uma frequência de 2,0%, e na população escolar de Petare, município de Bolívar, estado de Sucre, foi detetada uma frequência de 3,0% de variantes estruturais através da técnica HPL-CE, sendo a Hb S a mais frequente, seguida da Hb C (Medina, 2013). No estado de Sucre, as variantes S e C estão distribuídas de forma diferente nos diferentes municípios estudados (Arends et al., 1990).Em relação aos estudos efectuados na Venezuela, sobre a origem dos haplótipos associados ao gene HBB, estudámos os haplótipos associados ao gene HBB. No município de Rivero, na população de Campoma e Cariaco, foram avaliados 74 cromossomas, 70 para estudar o gene HBB*A e 4 para o gene HBB*S. No gene HBB*A foram observados 11 haplótipos, sendo que os mais frequentes foram 2 (37,5%), seguidos de 3 (20,7%) e 5 (10,2%); os demais apresentaram frequência inferior a 10%. Verificou-se que o gene HBB*S estava associado ao haplótipo Ben (50%), seguido do haplótipo Sen (25%) e de um haplótipo atípico (25%) (González et al., 1998). No município de Sucre, Vívenes et al. (2003) encontraram o haplótipo CAR (56,8%) com a maior frequência, seguido do haplótipo Ben (40,5%) e Sen (2,7%). Para o oeste da Venezuela, Arends et al. (2007) e Bravo-Urquiola et al. (2007) sugerem que, no noroeste da Venezuela, o haplótipo Ben é o mais frequente, seguido do CAR e de pequenas proporções dos haplótipos Sen e Cam. Na mesma ordem de frequência, os haplótipos do gene HBB foram encontrados no leste do país em alguns municípios do estado de Sucre, em 2013 na pesquisa realizada por Medina na população de Petare observou uma frequência do haplótipo Ben com 75%, seguido pelo haplótipo CAR (25%) e em Guariquen foi determinada uma frequência do haplótipo CAR com uma porcentagem de 33,3%. Estes resultados confirmam a introdução de haplobinopatias de origem africana na Venezuela durante o processo de colonização e as migrações subsequentes de indivíduos africanos (Cunil-Grau, 1987; Salazar, 2004; Bravo-Urquiola et al., 2007).Devido às misturas raciais na Venezuela, a frequência, a origem e a distribuição das diferentes hemoglobinopatias e haplótipos associados ao gene HBB têm sido estudadas em todo o país há várias décadas (Cunil-Grau, 1987; Vívenes et al., 2003; Salazar, 2004; Bravo-Urquiola et al., 2007; Oropeza et al., 2014).Nesse sentido, o presente trabalho de pesquisa foi realizado com o objetivo principal de determinar os haplótipos e haplótipos associados do gene HBB em escolares e seu grupo familiar das populações Araya e Manicuare, município de Cruz Salmerón Acosta, estado de Sucre, no período 2014-2015. Determinaram-se os parâmetros hematológicos e analisou-se a identificação dos haplótipos dos genes HBB*A e HBB*S e sua associação com as variantes de hemoglobina mediante técnicas moleculares, reação em cadeia da polimerase (PCR) e RFLP's; contribuindo para corroborar a frequência das variantes de hemoglobina no município de Cruz Salmerón Acosta, de acordo com estudos prévios. Com o objetivo de mapear a distribuição dos haplótipos associados ao gene HBB no estado de Sucre e assim evitar o nascimento de crianças homozigóticas com Hb SS associada aos diferentes haplótipos africanos.

METODOLOGIA

Área de estudo

As amostras de sangue foram obtidas de crianças em idade escolar na "E. B. Cruz Salmerón Acosta" de Araya e Manicuare (ambas com o mesmo nome), município de Cruz Salmerón Acosta, estado de Sucre, Venezuela. A escola de Manicuare situa-se a sudoeste da Península de Araya, no Estado de Sucre, na costa norte do Golfo de Cariaco, limitada a norte pelo Golfo de Cariaco, a sul pelo Cerro Negro, a leste por Tacarigua e a oeste pelo sector La Vela los Conucos e a escola de Araya na Península de Araya, limitada a norte pelo Mar das Caraíbas e pelas ilhas de San Pedro de Coche, Cubagua e Margarita; a sul pelo golfo de Cariaco, a leste pelo município de Ribero e a oeste pelo mar das Caraíbas (ver figura 1). A colheita de sangue foi efectuada em cada uma das escolas em dias diferentes. As amostras do grupo familiar foram colhidas no dia do aconselhamento genético e foi elaborada uma árvore genética (ver Anexo 1) para os familiares das crianças que foram consideradas portadoras.

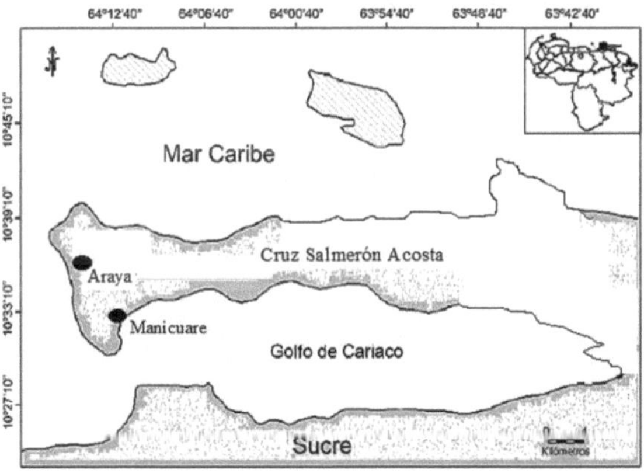

Figura 1. Localização geográfica da área de estudo.

Parâmetros hematológicos

Os representantes das crianças avaliadas deram consentimento informado, seguindo o formato estabelecido pelo código de bioética e biossegurança do FONACIT, para a recolha de amostras de sangue de seres humanos (ver Anexo 2). Com a colaboração do especialista, foram colhidas aleatoriamente 289 amostras de sangue periférico por punção venosa de crianças em idade escolar.

As amostras foram recolhidas durante um dia em cada uma das escolas acima mencionadas. 132 amostras foram obtidas da população da escola Araya e 157 amostras foram coletadas da população da escola Manicuare usando o mesmo procedimento. Para cada amostra de sangue, aproximadamente 5 mL foram retirados por via intravenosa dos escolares e coletados em tubos com sal EDTA sódico a 10% como anticoagulante. Uma vez colhidas, foram transportadas numa cave de anime com gelo para o Laboratório Clínico do Hospital I "Virgen del Valle" em Araya, município de Cruz Salmerón Acosta, estado de Sucre, onde foram determinados os parâmetros hematológicos: Hemoglobina (Hb), Hematócrito (Hcto), Concentração de Hemoglobina Corpuscular Média (CHCM), Volume Corpuscular Médio (VCM), Hemoglobina Corpuscular Média (CHCM) através de um analisador hematológico automático, modelo Medonic (Sokal e Rohlf, 1969). No dia do aconselhamento genético dos grupos familiares das crianças em idade escolar que foram consideradas portadoras de variantes de hemoglobina, foram recolhidas 15 amostras do grupo familiar da população escolar em Araya e 18 em Manicuare. Um total de 5 famílias em Araya e 5 em Manicuare tiveram sua árvore genética elaborada. Devido à grande variedade de faixa etária, os escolares foram separados em crianças de 3 a 14 anos, enquanto os adultos do grupo familiar foram separados em mulheres adultas e homens adultos de 15 a 46 anos. Os valores normais dos parâmetros hematológicos definidos pela Organização Mundial de Saúde (OMS) para crianças são Hb 11-16/g- dL, Hcto 35-52%, CHCM 32-36 g/dL, VCM 86-98 FL, HCM 28-39 g/dL, para mulheres adultas são: Hb 12-16/g-dL, Hcto 37-47%, CHCM 32-36 g/dL, VCM 86-98 FL, HCM 28-39 g/dL e para homens adultos Hb 14-18/g-dL, Hcto 35-52%, CHCM 32-36 g/dL, VCM 86-98 FL, HCM 28-39 g/dL (OMS, 2005).

Eletroforese em acetato de celulose

A eletroforese em membranas de acetato de celulose a pH alcalino permite a separação das variantes de hemoglobina de acordo com a sua carga eléctrica. Num meio alcalino, a maioria das proteínas tem carga negativa e, quando sujeitas a um campo elétrico, migram para o ânodo com uma velocidade proporcional à sua carga líquida. Após a eletroforese, as proteínas são identificadas por coloração e podem ser quantificadas por densitometria (Schneider, 1974). Para a corrida electroforética, as membranas de acetato de celulose foram hidratadas num recipiente com tampão Tris-EDTA- Borato (Trismato base 900 mM, ácido EDTA 6,3 mM, ácido bórico 500 mM) a pH 8,6.

As membranas foram então retiradas, o excesso de tampão foi cuidadosamente removido com papel de filtro e as membranas foram marcadas para identificação. Ambos os compartimentos da câmara de eletroforese foram preenchidos com 140 mL de H_2O (água destilada) e 20 mL de tampão Tris-EDTA-Borato (TBE) no compartimento catódico (+) e o compartimento anódico (-) foi preenchido com 150 mL de H_2O e 20 mL de tampão Tris-EDTA-Borato (TBE). Em seguida, foram colocadas tiras de papel de filtro para fazer uma ponte entre o tampão e a membrana, facilitando a condução eléctrica, e as amostras foram passando. As amostras de sangue foram submetidas a uma hemólise rápida, que consistiu em adicionar 90 μL de saponina e 30 μL de sangue a um tubo de vidro pequeno e limpo. O aplicador foi então humedecido com as amostras no suporte do aplicador e colocado nas membranas de acetato previamente hidratadas com tampão TBE.

As membranas foram colocadas de cabeça para baixo, de modo a que a parte que continha a celulose ficasse virada para baixo, tendo assim contacto com as tiras da ponte. Os cabos da câmara foram corretamente ligados à fonte de alimentação e esta foi ligada, de modo a que a corrida electroforética fosse efectuada a 250 volts durante 45 minutos. De seguida, as membranas foram coradas com vermelho de Ponceau. Para o efeito, as membranas foram colocadas num recipiente de plástico e adicionou-se o corante, deixou-se em repouso durante 10 minutos, visualizaram-se as amostras e detectaram-se as variantes de hemoglobina. Após este tempo, as membranas foram lavadas com ácido acético glacial a 5%. As membranas de acetato foram clarificadas para serem conservadas, para o que foram submetidas a um processo de decomposição da celulose, que consistiu em colocar as membranas num recipiente com metanol e deixá-las durante um minuto, após o que as membranas foram retiradas e secas. Posteriormente, foram colocadas num recipiente contendo uma mistura de metanol. ácido acético glacial numa proporção de 20:80 durante um minuto, depois retiradas e aquecidas numa estufa a 60°C, as membranas tornaram-se transparentes. Uma vez terminado este procedimento, as membranas foram devidamente etiquetadas e armazenadas.

Cromatografia líquida de alta resolução de permuta catiónica (HPLC-CE)

As amostras para as quais foi detectada uma variante de hemoglobina por eletroforese em acetato de celulose foram analisadas por HPLC-CE para confirmação utilizando o sistema automatizado de teste de hemoglobina VARIANT da Bio-Rad. Este sistema é composto por cinco programas, um dos quais, o programa β-Thalassemia Short, é capaz de determinar as percentagens relativas das hemoglobinas A_1, A_2 e F (ver quadro 1).A HPLC, uma técnica amplamente utilizada em estudos biológicos, baseia-se na separação de moléculas de acordo com os seus tempos de retenção. Neste caso, a hemoglobina é adsorvida numa coluna de permuta iónica e eluída com solventes de diferentes intensidades. Dadas as diferenças bioquímicas das variantes da hemoglobina e o seu impacto nos tempos de retenção na coluna, estas variantes podem ser identificadas de forma inequívoca.

As amostras de sangue periférico foram preparadas misturando 5 µL de sangue total em 1 mL de solução hemolisante, utilizando um Autodiluidor Bio-Rad. Cada amostra foi coberta com parafilme e misturada por inversão. De seguida, foram colocadas no VARIANT juntamente com uma série de reagentes, que foram processados pelo equipamento no início de cada execução. Estes reagentes incluíam um "primer" para condicionar a coluna (4,5 x 30 mm) para análise, um calibrador para as hemoglobinas A_2 e F e dois controlos, um normal e outro anormal, destinados a monitorizar a precisão da quantificação automática (Tan et al., 1993). Cada amostra foi automática e sequencialmente adicionada a um gradiente pré-programado de dois tampões de fosfato de sódio de força iónica diferente, a intervalos de 6,5 minutos. Uma vez no gradiente, as amostras foram transportadas através da coluna, onde cada uma foi separada nos seus componentes individuais.

As fracções eluídas foram então passadas através de um filtro fotométrico de duplo comprimento de onda (415 e 690 nm), que monitorizou a eluição através da deteção de alterações na absorvância a 415 nm. O filtro secundário de 690 nm corrigiu o efeito causado pela mistura do tampão com diferentes forças iónicas. As alterações de absorvância foram apresentadas num cromatograma (absorvância versus tempo) e os resultados foram impressos 3 minutos após a injeção.

Quadro 1. Valores de referência para hemoglobinas normais Tan et al., 1993).

Tipo de hemoglobina	%
A_1	>97,0
F	<0,5
A_2	2,5

Separação de glóbulos brancos por centrifugação com gradiente de densidade

Esta técnica é utilizada para separar macromoléculas de acordo com a densidade, de modo a que as moléculas mais pesadas precipitem e as de menor peso molecular fiquem suspensas, resultando numa separação em bandas ou zonas, para conseguir a separação de glóbulos brancos e glóbulos vermelhos (Mongini e Waldner, 1996). Para tal, foram adicionados 3 ml de Ficoll-Paque (Ficoll 100 ml, diatrizoato de sódio 4005,7 g, edetato de cálcio dissódico 9 g em água Pharma Biotech) e 5 ml da amostra de sangue foram cuidadosamente adicionados através das paredes do tubo com ficoll, tentando não se misturar. Após centrifugação, a interface leucocitária foi então transferida para outro tubo Falcon e lavada com um tampão TE a pH 7,5 (Tris-HCl 10 mmol. L^{-1}, EDTA 2 mmol. L^{-1}) e ressuspendida com um agitador (Vortex). Em seguida, centrifugou-se a 3 000 rpm/10 min e o sobrenadante foi eliminado. Este procedimento foi repetido quatro vezes, as células foram lavadas e ressuspendidas em 1 mL de tampão TE e armazenadas num frasco eppendorf a -20°C.

Extração de ADN ADN genómico

Foi utilizado o protocolo de extração de Welsh e Bunce (1999). O sedimento de leucócitos foi retirado e foram adicionados 9 ml de tampão de lise de eritrócitos (RCLB) [NH_4Cl 0,144 mol-L^{-1}, $NaCO_3$ 1 mol-L^{-1}], misturados por inversão várias vezes, deixados em repouso e depois congelados a -20°C durante 30 minutos, descongelados e centrifugados a 3 500 rpm/15 min. O sobrenadante foi eliminado e, em seguida, o sedimento foi lavado com 5 mL de RCLB e centrifugado a 3 500 rpm/15 min. O sobrenadante foi eliminado e o sedimento foi ressuspenso em 600 μL de tampão de lise de leucócitos e dodecil sulfato de sódio (WBC+SDS) (NaCl 0,4 mol. L^{-1}, Tris-HCl 10 mmol. L^{-1} a pH 8,2, EDTA dissódico 2 mmol. L^{-1}). O precipitado foi então transferido para um frasco eppendorf que foi deixado a incubar a 56 °C durante uma noite para dissolver o precipitado. Uma vez dissolvido o pacote de glóbulos brancos, adicionaram-se 100 μL de NaCl 6 mol. L^{-1} e agitou-se em vórtice, depois adicionaram-se 600 μL de clorofórmio para desnaturar as proteínas, agitou-se em vórtice até se formar uma emulsão leitosa e centrifugou-se novamente a 11 000 rpm/15 min. A fase aquosa foi extraída e transferida para um novo frasco; como se observou que a fase aquosa estava turva, foram adicionados novamente 600 μL de clorofórmio para desnaturar quaisquer proteínas que pudessem estar presentes. Foi adicionado 1 mL de etanol a 100% frio e agitado suavemente por inversão até se observar uma rede de ADN, incubado durante 30 minutos a -20ºC e subsequentemente centrifugado a 11 000 rpm/5 min, o álcool foi eliminado por inversão e foi adicionado 1 mL de etanol a 70% frio, centrifugado a 11 000 rpm/5 min. O álcool foi removido e o tubo foi deixado a secar, colocando-o invertido sobre papel absorvente durante 30 minutos. Quando o pellet de ADN estava seco, adicionaram-se 100 µL de água ultrapura e incubou-se durante 15 minutos a 65ºC. O ADN foi armazenado durante curtos períodos de tempo a -20ºC.

Quantificação do ADN genómico

A quantificação do ADN genómico foi efectuada espectrofotometricamente a 260 nm, utilizando um kit de quantificação Eppendorf Biophotometer Plus (Kai, 2007). Para preparou-se uma diluição de 1/10 da amostra de ADN numa cuvete de quartzo e introduziu-se a cuvete no aparelho de quantificação para obter uma leitura da concentração da amostra de ADN e do grau de pureza.

Eletroforese em gel de agarose

A eletroforese é uma técnica analítica para a separação de macromoléculas, que se baseia na mobilidade diferencial de macromoléculas carregadas quando sujeitas a um campo elétrico, como consequência da sua relação carga/massa (Westermeier, 1997). Para este efeito, foi preparado um gel de agarose a 3%, tendo sido dissolvidos 1,2 g de agarose em 40 mL de tampão TAE 1X (ácido tris-acético 0,8 mmol. L^{-1}, EDTA 0,02 mmol. L^{-1} a pH 7,5) até se obter uma solução límpida. Em seguida, adicionou-se 1 µL de brometo de etídio (0,5 µg/mL) para visualizar os fragmentos de ADN, deixou-se arrefecer e colocou-se no tabuleiro, tendo-se introduzido os pentes. Tomam-se 3 µL da amostra de ADN, misturam-se por pipetagem com 2 µL de tampão de carregamento e depositam-se nas reentrâncias efectuadas com os pentes. A corrida electroforética foi efectuada a 150 volts durante 15 minutos em tampão TAE 1X. Subsequentemente, a placa de ágar foi observada num transiluminador UV, onde o percurso do ADN foi fotografado e evidenciado.

Reação em cadeia da polimerase (PCR)

A PCR permite a amplificação enzimática in vitro de sequências específicas de ADN. A reação de PCR foi realizada para um volume final de 50 µL, com um tampão 1X Go Taq flexi (50 mmol. L^{-1} Tris-HCL pH 8,3; 100 µg. mL^{-1} de gelatina), cloreto de magnésio 1 M ($MgCl_2$) (3 mmol. L^{-1}), 25 mM dNTP's (0,4 mmol. $L^{(-1)}$)), 20 pmol de cada oligonucleótido (10 mmol. L^{-1}), 2 U de Go Taq flexi Taq polimerase e 100 ng de ADN. Esta reação foi realizada num termociclador Gene Amp PCR Syatems 2400 (Applied Biosystems) nas seguintes condições: desnaturação inicial durante 1 min a 94ºC, hibridação dos oligonucleótidos durante 1 min a 50-55ºC, de acordo com os fragmentos estudados e elongação durante 2 min a 72ºC por 35 ciclos. As condições de PCR utilizadas para a amplificação das regiões polimórficas do cluster do gene HBB estão representadas no (Ver Anexo 5) de acordo com o protocolo de Bavilaquia et al. (1995). Uma vez concluída a amplificação dos cinco locais polimórficos, as amostras foram colocadas num gel de agarose a 3% e o gel foi corado com brometo de etídio (10 mg.ml-1), colocado a 150 volts durante 15 minutos e visualizado num transiluminador UV.

Digestão com enzimas de restrição

As amostras amplificadas foram digeridas com as enzimas HincII e HindIII para analisar os cinco locais polimórficos (HincII a 5'ε, HindIII $^{(G)\gamma}$, HindIII $^{(A))\gamma}$, HincII ψβ e HincIII 3'ψβ) (ver Figura 2), a fim de identificar um perfil de digestão específico nas amostras. O produto de PCR foi digerido com 2 U de cada uma das enzimas HincII e HindIII, às quais foi adicionado 1 µg de BSA, seguido de 2,5 µL de água de PCR e a enzima correspondente. Finalmente, a incubação foi efectuada a 37°C durante 24 h (Long et al., 1990). Para visualizar o padrão de digestão obtido a partir dos fragmentos amplificados com as enzimas HincII e HindIII, foi efectuada uma eletroforese em gel de agarose a 3% a 150 volts durante 30 min (Westermeier, 1997) e os fragmentos gerados pelo polimorfismo foram visualizados utilizando brometo de etídio como agente revelador e um transiluminador UV. A observação, as fotografias e o armazenamento dos resultados para análise posterior foram obtidos utilizando um Gel Doc (Bio-Rad) (ver figuras 3, 4, 5, 6 e 7).

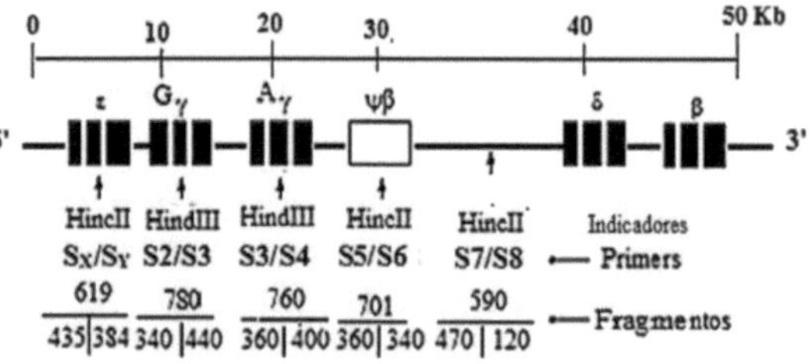

Figura 2. Disposição dos genes no bloco HBB. As caixas representam genes com exões (preto) e intrões (branco). As setas apontam para os RFLP`s, que definem os haplótipos, bem como para as enzimas que os reconhecem (Long et al., 1990).

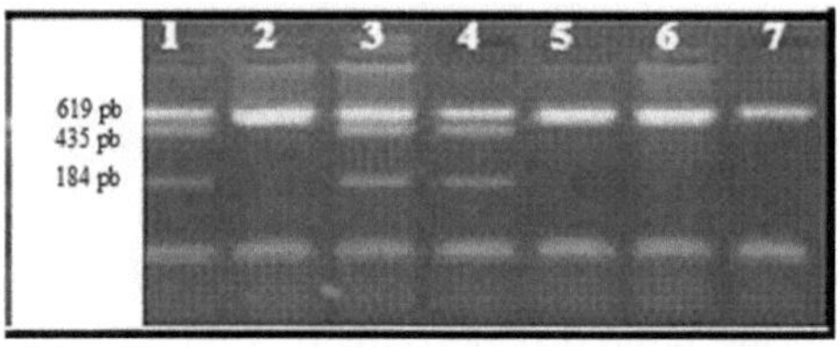

AMP: (+/-) (-/-)

Padrões de digestão em gel de agarose com a enzima HincII para o sítio HincII 5`ε. Em escolares homozigotos com Hb AA normal e heterozigotos com Hb AS testados nas duas populações estudadas. AMP: amplificação.

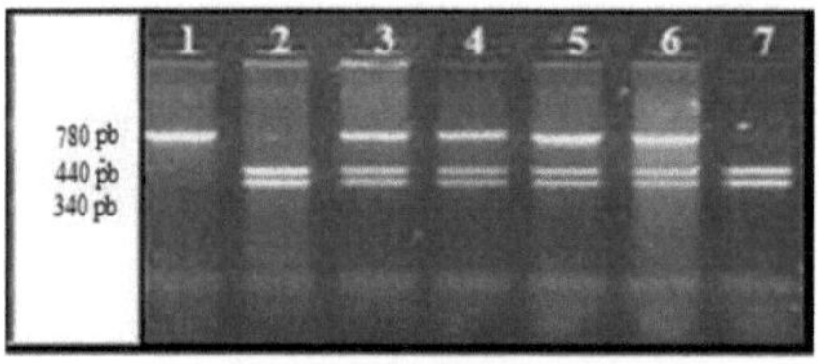

AMP: (-/-) (+/+) (+/-)

Padrões de digestão em gel de agarose com a enzima HindIII para o sítio $^{G}\gamma$. Em alunos homozigóticos com Hb AA normal e Hb AS heterozigótica testados nas duas populações estudadas.

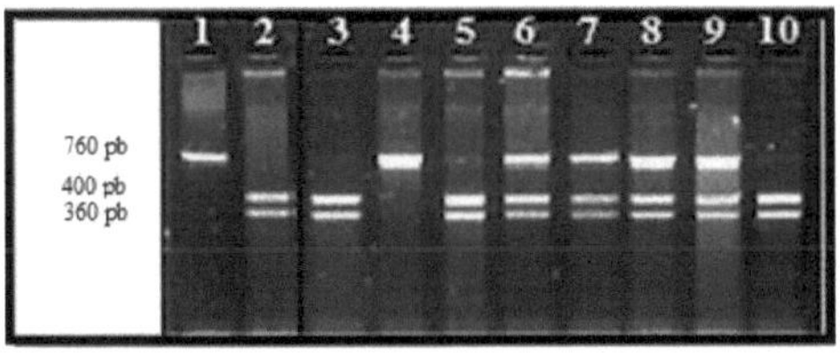

AMP:(-/-) (+/+)(+/-)

Padrões de digestão em gel de agarose com a enzima HindIII para o sítio Aγ. Em alunos homozigóticos com Hb AA normal e Hb AS heterozigótica testados nas duas populações estudadas.

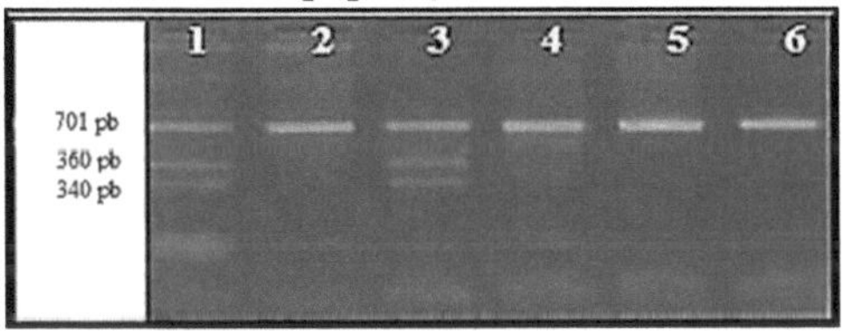

AMP:(+/-) (-/-)

Padrões de digestão em gel de agarose com a enzima HincII para o sítio HincII $\psi\beta$. Em crianças em idade escolar heterozigóticas com Hb AS e homozigóticas $A_{(2)}\uparrow$ e homozigóticas com Hb AA nas duas populações estudadas.

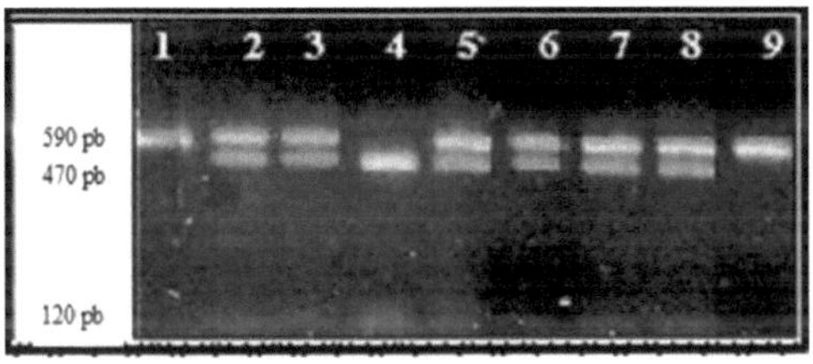

AMP: (-/-) (+/-)(+/+)

Padrões de digestão em gel de agarose com a enzima HincII para o sítio HincII 3'$\psi\beta$. Em crianças em idade escolar heterozigóticas com Hb AS, heterozigóticas $A_{(2)}\uparrow$ e homozigóticas com Hb AA nas duas populações estudadas.

Atribuição de haplótipos

Para a atribuição de haplótipos, foram analisados os locais de corte das enzimas de restrição no ADN amplificado. A presença ou ausência de locais de restrição foi indicada pelos sinais (+) ou menos (-), respetivamente, de acordo com a classificação de (Long et al., 1990). Os haplótipos que não puderam ser classificados por esta nomenclatura foram designados como atípicos (Sutton et al., 1989).

Análise dos dados

A determinação da frequência e da associação entre as variantes da hemoglobina e os haplótipos do gene HBB*A e HBB*S com os parâmetros hematológicos foi expressa em tabelas e figuras.

RESULTADOS

Analisámos 289 amostras de sangue periférico obtidas de crianças em idade escolar da "E. B. Cruz Salmerón Acosta" de Araya e Manicuare, utilizando a técnica de eletroforese em membrana de acetato de celulose a pH alcalino, como se mostra no Anexo 3, para identificar as variantes da hemoglobina presentes nas populações estudadas. Encontramos uma frequência de 6,2% (n=18) de variantes de hemoglobina e Hb A em estado homozigoto com 93,8% (n=271) entre as duas populações (ver Figura 8).

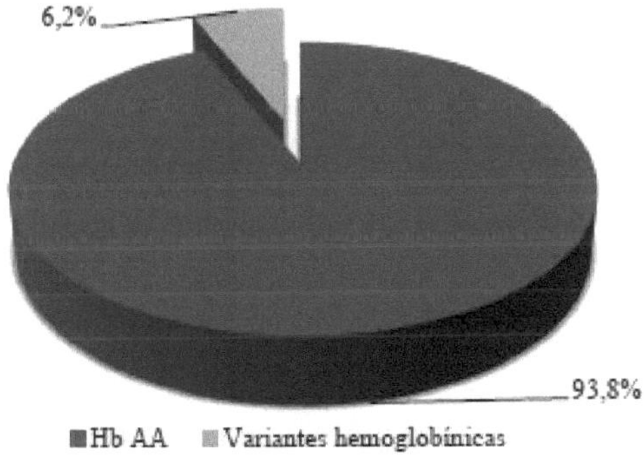

Frequência das variantes de hemoglobina em escolares não aparentados de Araya e Manicuare, município de Cruz Salmerón Acosta, estado de Sucre, detectada por eletroforese em membrana de acetato de celulose a pH alcalino. Os genótipos presentes foram Hb AA, Hb AS e Hb $AA_{(2)}\uparrow$. Para confirmação, foram analisados por HPL-CE, uma vez que a Hb S e D quando expostas a um campo elétrico migram para o ânodo com a mesma velocidade proporcional à sua carga líquida; ao analisar a técnica de HPL-CE, foi possível determinar que a variante S estava presente e, assim, foi encontrada concordância entre as duas técnicas utilizadas.Assim, na população Araya, a Hb AA foi identificada na forma homozigótica com a maior frequência de 94,7% (n=125), encontrou-se associada à variante S com uma frequência de 3,8% (n=5) e à Hb $A_{(2)}\uparrow$ com 1,5% (n=2) na forma heterozigótica (Hb AS e Hb A_2 com 1,5% (n=2) na forma heterozigótica). Hb $AA_{(2)}\uparrow$) (ver Figura 9).A Figura 10 mostra que na população escolar de Manicuare, das 157 amostras analisadas, 146 indivíduos apresentaram Hb AA na forma homozigótica correspondendo a uma frequência de 93%, também foi encontrada associada à variante S com 3.2% (n=5) e com a Hb $A_{(2)}\uparrow$ com 3,8% (n=6) forma heterozigota (Hb AS e Hb $AA_{(2)}\uparrow$).

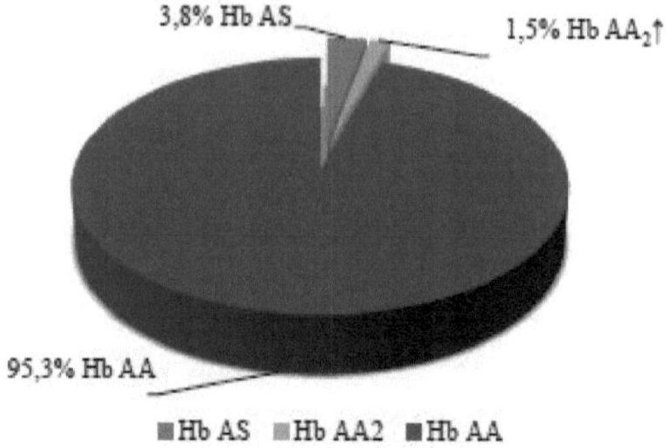

Distribuição da frequência das variantes de hemoglobina detectadas por eletroforese em membrana de acetato de celulose na população de Araya, município de Cruz Salmerón Acosta, estado de Sucre.

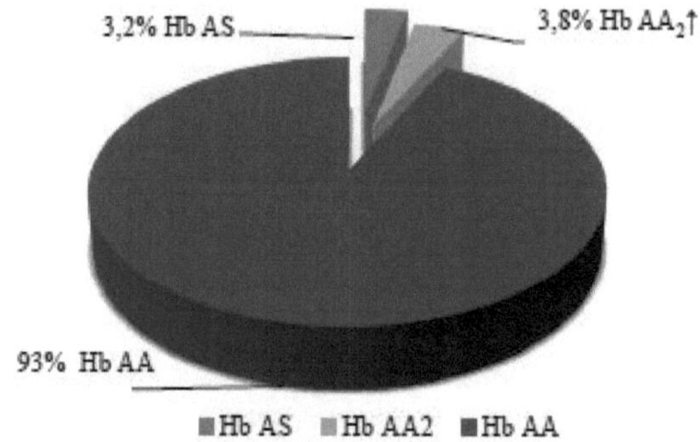

Distribuição da frequência das variantes de hemoglobina detectadas por eletroforese em membrana de acetato de celulose na população de Manicuare, município de Cruz Salmerón Acosta, estado de Sucre.

Em indivíduos com traço falciforme, os valores de Hb A_1 quantificados por HPLC-CE variaram entre 58-59%, Hb A_2 entre 2,5-5,5% com um ligeiro aumento, Hb F entre 0,2-0,4% e a variante estrutural encontrada (Hb S) variou entre 37,8-38,1% (ver Anexo 4). Em todos os casos estudados, não foram encontrados casos falsos positivos. Nesse sentido, observou-se que as populações de Araya e Manicuare apresentaram a mesma frequência de traço falciforme.

Os parâmetros hematológicos e seus valores são mostrados na Tabela 2, com os fenótipos de meninos, meninas em idade escolar e o grupo familiar com os fenótipos de mulheres adultas e homens adultos da população de Araya, determinados por idade e sexo.

Tabela 2. Parâmetros hematológicos de crianças em idade escolar e do grupo familiar da população de Araya, município de Cruz Salmerón Acosta, estado de Sucre.

	Araya		Parámetros hematológicos				
Ind.	Núm de casos	Tipos de Hb (%) ($\times$±DS)	Hb (g/dL) ($\bar{x}$±DS)	HCTO (%) ($\bar{x}$±DS)	VCM (FL) ($\bar{x}$±DS)	HCM (pg) ($\bar{x}$±DS)	CHCM (g/dL) ($\bar{x}$±DS)
		Fenotipo AA					
Niños	125	93±1	12±1	34±1	80±3	32±1	32±2
Adultos hembras	3	97±2	9,5±1	35±3	87±9	33±2	37±3
Adultos varones	1	90	15	38	93	39	37
		Fenotipo AS					
Niños	7	53±2	13±3	28±2	79±2	28±2	32±6
Adultos hembras	1	55	9	27	77	23	31
Adultos varones	4	56±2	14±2	30±2	83±1	35±3	26±2
		Fenotipo AA_2↑					
Niños	2	83±2	12±1	21±2	69±2	18±1	26±2
Total	143						

Hemoglobina (Hb), Volume Corpuscular Médio (VCM), Concentração de Hemoglobina Corpuscular Média (CHCM), Hemoglobina Corpuscular Média (CHCM), Média Aritmética (X), Desvio Padrão (DP), Indivíduo (Ind).

As crianças em idade escolar da população de Araya com traço falciforme tinham valores de Hb de 12,2±3 g/dL e HCTO 34±1 %. Um dos portadores de AS, representado por uma mulher adulta, apresentou valores diminuídos de parâmetros hematológicos (Hb 9 g/dL, VCM 77 FL, CHCM 31 g/dL, HCM 23 pg, HCTO 27 %). As 2 crianças em idade escolar com Hb $AA_{(2)}$↑ apresentaram valores diminuídos de VCM 69±2 FL, CHCM, 26±2 g/dL, CHCM 18±1 pg, HCTO 21±2 %. Com relação aos parâmetros hematológicos dos escolares de Manicuare, os homozigotos AA apresentaram Hb 13,2±1 g/dL, MCV 75±3 FL, MCHC 36±2 g/dL, MCH 27±1 pg, HCTO 32±1%. Enquanto as crianças em idade escolar com traço falciforme apresentaram parâmetros hematológicos Hb 12,1±3 g/dL, HCTO 35±3 %, MCV 77±6 FL, MCH 25±5 pg, HCTO 33±1 g/dL. É importante notar que os indivíduos com Hb $A_{(2)}$↑ apresentaram parâmetros hematológicos diminuídos (Hb 11±1 g/dL, HCTO 19±2 %, MCV 69±2 FL, MCHC 21±2 g/dL, MCH 15±1 pg), da mesma forma, duas mulheres adultas com traço falciforme apresentaram valores eritrocitários diminuídos (Hb 9,5±3 g/dL, HCTO 35±2 %, HCM 33±2 pg, VCM 57±2 FL, CHCM86±2 g/dL) (ver Tabela 3). Na análise dos polimorfismos do gene HBB, foi estudado um total de 18 indivíduos. Foram analisados 26 cromossomas para o gene HBB*A e 10 para o gene HBB*S em indivíduos não aparentados. Foi possível identificar 7 haplótipos, 6 típicos e 1 atípico em 13 cromossomas para o gene HBB*A na população de Araya, sendo o mais frequente o 2 (+).38.4%, seguido de 1 (- - - - - - - - - -) e 10 (+ + + - - + + + + + +) 15,4%, haplótipos 5 (- + + - - + + + + +), 12 (+ + + - - - -), 14 (+ + + - - - +) e um haplótipo atípico A com frequência de 7,7% (ver tabela 4). Verificou-se que o gene HBB*S está associado ao haplótipo CAR (-+) com uma frequência mais elevada (ver quadro 4). frequência de 80% na forma heterozigótica e com um haplótipo atípico S (++ -+ -) com 20% (ver quadro 5).Na população de Manicuare, foram determinados 5 haplótipos, 4 típicos e 1 atípico em 13 cromossomas para o gene HBB*A, nos quais os haplótipos 2 (+ - - - - - - - -) foram determinados com uma frequência mais elevada (53.8%), seguido de 1 ( ), e um haplótipo atípico (+ - - - - - -) com maior frequência (+ - - - - - -), seguido de 1 ( ), e um haplótipo atípico (+ - - - - -) com maior frequência (+ - - - - - -). + --) com 15,4% e 5, 8, 9 (- ++++) e 11 (- - - - - -+ +) com uma percentagem inferior 7,7% (Ver Tabela 7). Verificou-se que o gene HBB*S estava associado ao haplótipo Bantu ou CAR (-+ - -) com 40% e Ben (+) com a frequência mais elevada, com uma percentagem de 40%, seguido do haplótipo Cam (20%) (ver Quadro 8).

Tabela 3. Parâmetros hematológicos das crianças em idade escolar e do grupo familiar da população de Manicuare, estado de Sucre.

Ind.	Núm de casos	Tipos de Hb (%) (×±DS)	Parámetros hematológicos Hb (g/dL) ($\bar{x}$±DS)	HCTO (%) ($\bar{x}$±DS)	VCM (FL) ($\bar{x}$±DS)	HCM (pg) ($\bar{x}$±DS)	CHCM (g/dL) ($\bar{x}$±DS)
		Fenotipo AA					
Niños	146	89±1	13,2±1	32±1	75±3	27±1	36±2
Adultos hembras	5	86±1	12,3±2	34±3	92±9	29±1	35±3
Adultos varones	3	91±1	14±1	33±1	91±7	30±3	32±2
		Fenotipo AS					
Niños	5	51±2	12,1±3	35±3	77±6	25±5	33±1
Adultos hembras	3	57±2	11,3±3	36±1	86±2	33±2	36±2
Adultos varones	3	53±2	13,5±2	32±2	86±1	38±3	26±4
		Fenotipo AA_2↑					
Niños	6	84±2	11±1	19±2	69±2	15±1	21±1
Total	171						

Hemoglobina (Hb), Volume Corpuscular Médio (VCM), Concentração de Hemoglobina Corpuscular Média (CHCM), Hemoglobina Corpuscular Média (CHCM), Média Aritmética (X), Desvio Padrão (DP), Indivíduo (Ind).

Na população de Araya, um haplótipo foi encontrado mais frequentemente com um padrão de combinação (2/CAR) em 2 indivíduos, em um indivíduo com os haplótipos, os haplótipos (10/CAR) em 1 indivíduo, um indivíduo com os haplótipos (A/CAR atípico) e, finalmente, um indivíduo com os haplótipos (1/Atípico S). Em Manicuare, o haplótipo CAR foi encontrado mais frequentemente em indivíduos AS heterozigóticos, em 1 caso 2/CAR, em 1 indivíduo 1/CAR e em 1 caso 8/CAR. Enquanto o haplótipo do Benim apresentou um padrão de combinação em 1 indivíduo 2/Ben e em 1 caso 8/CAR. indivíduo 2/Cam. O haplótipo asiático não foi encontrado nas amostras analisadas E o haplótipo do Senegal. Frequência dos haplótipos do gene HBB*A estudados em crianças em idade escolar de Araya, município de Cruz Salmerón Acosta, estado de Sucre.

Locais de restrição

Haplótipos	HincII	HindIII	HindIII HincII		HincII	Número do cromossoma	Freq (%)
	5'ε	G γ	A γ	ψβ	3'ψβ		
1	-	-	-	-	-	2	15,4
2	+	-	-	-	-	5	38,4
5	-	+	-	+	+	1	7,7
10	+	+	-	+	+	2	15,4
12	+	+	-	-	-	1	7,7
14	+	+	-	-	+	1	7,7
Atípico	+	-	-	+	-	1	7,7
Total						13	100

*Designação de acordo com Long et al. (1990).
*Designação de acordo com Villalobos et al. (1997).

Distribuição dos haplótipos do gene HBB*S estudados em escolares heterozigotos AS de Araya, município de Cruz Salmerón Acosta, estado de Sucre.

Locais de restrição

Haplótipos	HincII 5'ε	HindIII G γ	HindIII HincII A γ	ψβ	HincII 3'ψβ	Número do cromossoma	Freq (%)
Bantu ou CAR	-	+	-	-	-	4	80
Atípico	-	+	-	+	-	1	20
Total						5	100

*Designação de acordo com Sutton et al. (1989).

Os parâmetros hematológicos e os haplótipos do gene HBB determinados em indivíduos com traço falciforme nas duas populações estudadas são mostrados na Tabela 8. Os indivíduos com traço falciforme com haplótipos CAR ou Bantú de Araya apresentaram valores hematológicos normais

Frequência dos haplótipos do gene HBB*A estudados em escolares de Manicuare, município de Cruz Salmerón Acosta, estado de Sucre.

Locais de restrição

Haplótipos	HincII 5'ε	HindIII Gγ	HindIII Aγ	HincII ψβ	HincII 3'ψβ	Número do cromossoma	Freq (%)	
1	-	-	-	-	-	2	15,4	
2	+	-	-	-	-	7	53,8	
8	+	-	-	+	+	1	7,7	
11	-	-	-	+	+	1	7,7	
Atípico	+	-	-	+	-	2	15,4	
Total						13	100	

*Designação de acordo com Long et al. (1990).

*Designação de acordo com Villalobos et al. (1997).

Tabela 7. Distribuição dos haplótipos do gene HBB*S estudados em escolares heterozigotos AS de Manicuare, município de Cruz Salmerón Acosta, estado de Sucre.

Locais de restrição

Haplótipos* HincII HindIII HindIII HincII HincII HincII HincII **N.º de cromossomas Frec** (%)

5'ε	Gγ	Aγ	ψβ	3'ψβ		
Bantu ou CAR -	+	-	-	-	2	40
Benim (Ben) -	-	-	-	+	2	40
Camarões (Cam) -	+	+	-	+	1	20
Total					5	100

*Designação de acordo com Sutton et al. (1989).

Das 15 amostras coletadas no grupo familiar da população da escola Araya, 8 indivíduos eram heterozigotos para AS com uma frequência de 53,3% e 43,7% (n=7) eram homozigotos para AA. No caso do grupo familiar de Manicuare, das 18 amostras coletadas, 6 foram positivas para Hb S com uma frequência de 33,3% e 12 indivíduos eram homozigotos para Hb AA com uma frequência de 66,7%.

Foi efectuado um estudo de polimorfismo genético no grupo familiar de crianças em idade escolar que se verificou serem portadoras de Hb S. Para este diagnóstico, foram analisados 16 cromossomas para o gene HBB*A e 14 para o gene HBB*S. Foi possível identificar quatro haplótipos típicos em 10 cromossomas para o gene HBB*A no grupo familiar Araya, sendo o mais frequente o 2 (+ - - - - - - -) 70%, seguido do 1 ( ), 8 (+ - - -+ +) e 10 (++ -+ +) 10% (ver Tabela 9). Verificou-se que o gene HBB*S estava associado ao haplótipo CAR (- + - - - - - - -) com a prevalência mais elevada, com uma frequência de 100% na forma heterozigótica (ver Quadro 10). Com um padrão de combinação em 6 indivíduos 2/CAR, um indivíduo 8/CAR e um indivíduo 10/CAR. Foram determinados cinco haplótipos, quatro típicos e um atípico em 13 cromossomas para o gene HBB*A no grupo familiar das crianças em idade escolar da população de Manicuare, nos quais os haplótipos 2 (+) foram determinados com a frequência mais elevada (53.8%), seguido pelo haplótipo 2 (+), seguido pelo haplótipo 2 (+) e pelo haplótipo 3 (+).1 (- - - - - - - - - - - -), e um haplótipo atípico (+- - - -+ -) com 15,4% e 5, 8, 9(- ++++) e 11 (- - - - - - - - - - - -).+ +) com uma percentagem menor de 7,7% (ver Tabela 11). Verificou-se que o gene HBB*S estava associado ao haplótipo Bantu ou CAR (-+) com 50% da frequência mais elevada, seguido do haplótipo Ben (- - - - - - - +) com 33,3% e Cam (16,7%) (ver Quadro 12). Com um padrão de combinação em 2 indivíduos 2/CAR, um indivíduo 9/CAR, um indivíduo 2/Ben, um indivíduo 5/Ben e um indivíduo 11/Cam. As figuras 11, 12, 13, 14 e 15 mostram as árvores genealógicas das famílias portadoras do alelo S e os haplótipos do gene HBB estudados na população de Araya.

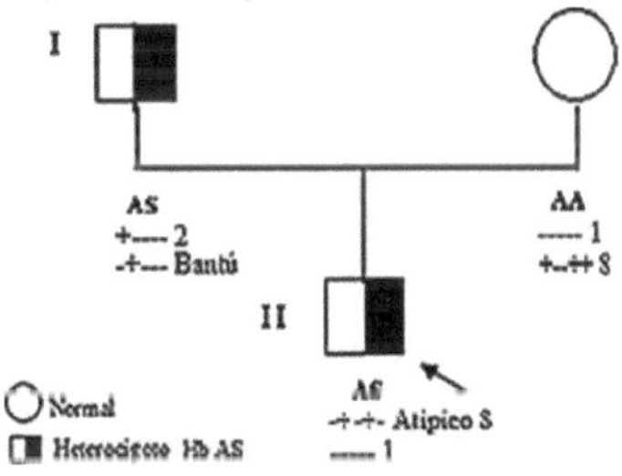

Figura 11. Árvore genealógica da família I portadora do alelo S e os haplótipos associados do gene HBB estudados na população de Araya, estado de Sucre.

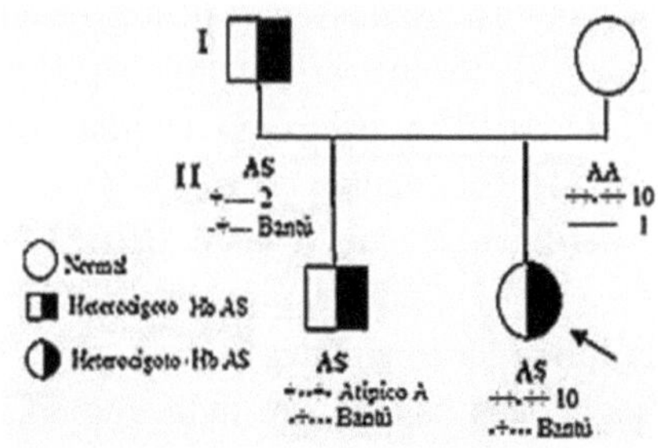

Figura 12. Árvore genealógica da família II portadores do alelo S e haplótipos associados do gene HBB estudados na população de Araya, estado de Sucre.

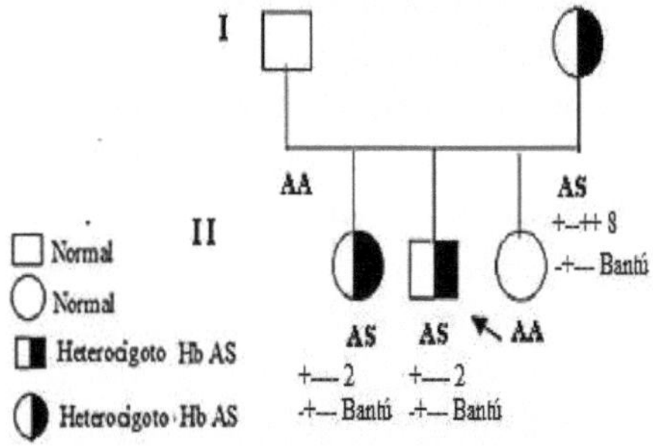

Figura 13. Árvore genealógica da família III portadores do alelo S e haplótipos associados do gene HBB estudados na população de Araya, estado de Sucre.

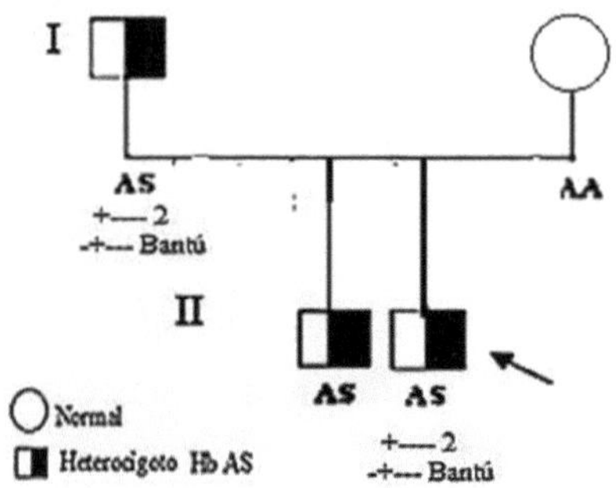

Figura 14. Árvore genealógica da família IV portadora do alelo S e haplótipos associados do gene HBB estudados na população de Araya, estado de Sucre.

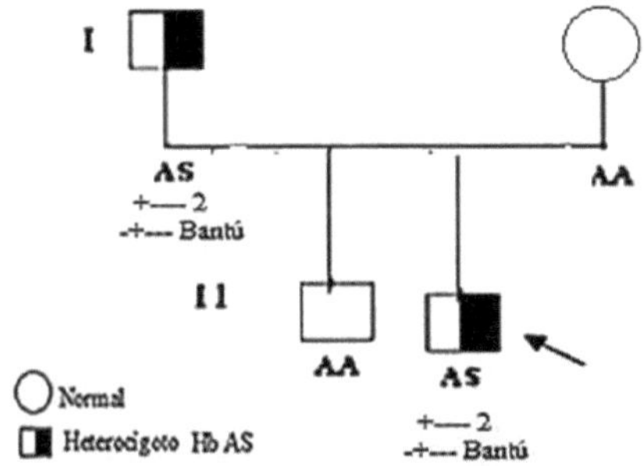

Figura 15. Árvore genealógica da família V portadora do alelo S e dos haplótipos associados do gene HBB estudados na população de Araya, estado de Sucre.

Parâmetros hematológicos e haplótipos do gene HBB*S determinados em escolares heterozigotos AS de Araya e Manicuare, município de Cruz Salmerón Acosta, estado de Sucre.

Araya Parâmetros hematológicos

N.º de casos	Haplótipos	Fenótipo	Hb (g/dL) (× ± DP)	HCTO (g/dL) (× ± DP)	VCM (FL) (× ± DS)	MCHC (g/dL) (× ± DP)	HCM (pg) (× ± DP)
3	CAR ou Bantu	AS	12±1	34±1	89±3	33±2	32±1
1	Atípico S	AS	14,1	34,3	77	27,8	35,9
	Manicuare						
2	CAR ou Bantu	AS	13±2	33±2	79±3	37±2	35±1 2
2	Benim (Ben)	AS	12±1	22±3	79±1	30,7±1	38,9±1
1	Camarões (Cam)	AS	13,6±1	33,3±1	77±1	14,8±1	36±1

Hemoglobina (Hb), Volume Corpuscular Médio (VCM), Concentração de Hemoglobina Corpuscular Média (CHCM), Hemoglobina Corpuscular Média (CHCM), Média Aritmética (X), Desvio Padrão (DP).

As figuras 16, 17, 18, 19 e 20 mostram as árvores genealógicas das famílias portadoras do alelo S e dos haplótipos do gene HBB estudados na população de Manicuare.

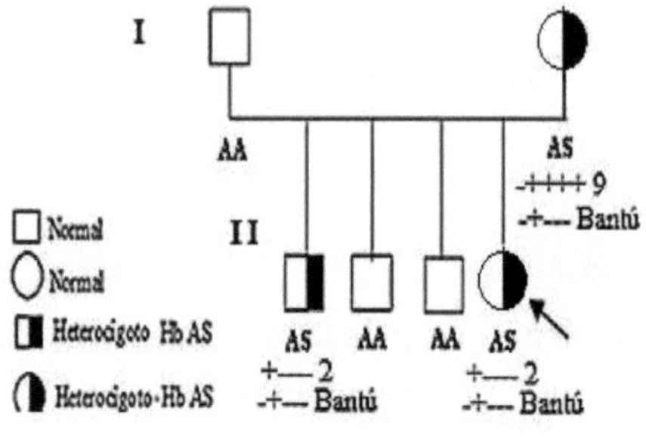

Árvore genealógica da família I portadora do alelo S e os haplótipos associados do gene HBB estudados na população de Manicuare, estado de Sucre.

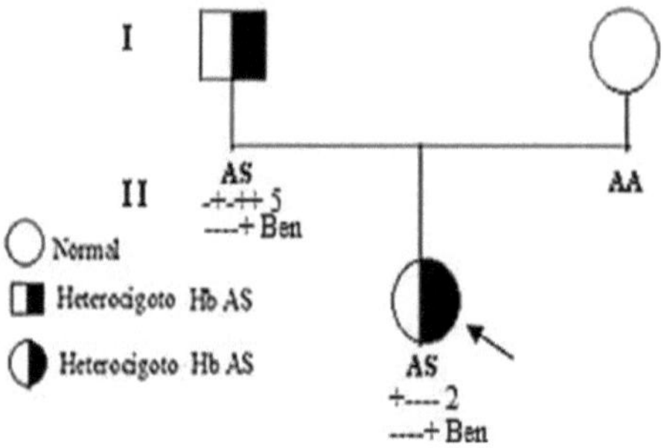

Figura 17. Árvore genealógica da família II portadora do alelo S e os haplótipos associados do gene HBB estudados na população de Manicuare, estado de Sucre.

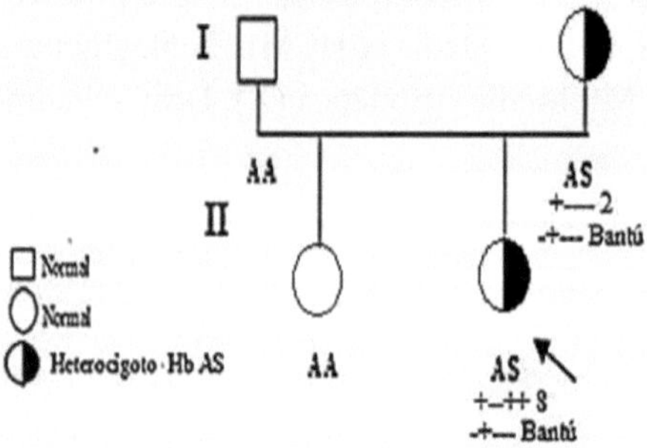

Figura 18. Árvore genealógica da família III portadores do alelo S e haplótipos do gene HBB estudados na população de Manicuare, estado de Sucre.

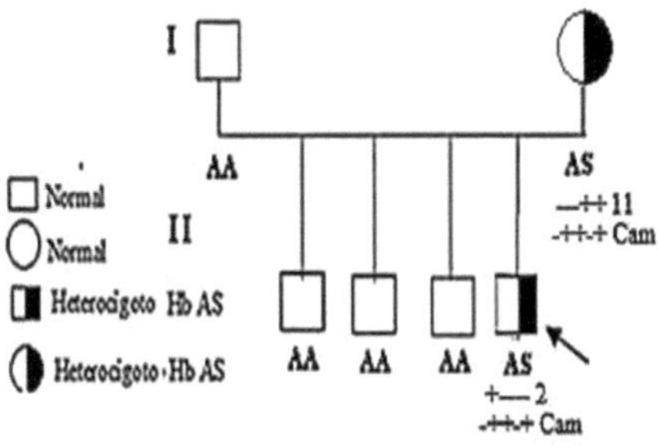

Figura 19. Árvore genealógica da família IV portadora do alelo S e haplótipos associados do gene HBB estudados na população de Manicuare, estado de Sucre.

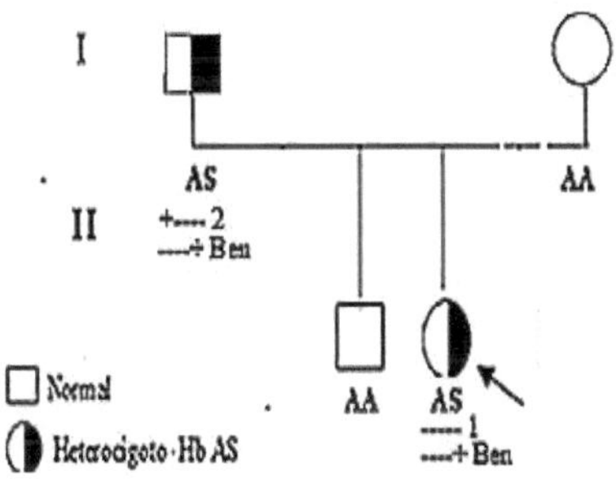

Figura 20. Árvore genealógica da família V portadora do alelo S e os haplótipos associados do gene HBB estudados na população de Manicuare, estado de Sucre.

Tabela 9. Frequência dos haplótipos do gene HBB*A estudados no grupo familiar de crianças em idade escolar de Araya, município de Cruz Salmerón Acosta, estado de Sucre.

Locais de restrição

Haplótipos	HincII	HindIII	HindIII HincII		HincII	Número do cromossoma	Freq (%)
	5'ε	G γ	A γ	ψβ	3'ψβ		
1	-	-	-	-	-	1	10
2	+	-	-	-	-	7	70
8	+	-	-	+	+	1	10
10	+	+	-	+	+	1	10
Total						10	100

*Designação de acordo com Long et al. (1990).

Tabela 10. Distribuição dos haplótipos do gene HBB*S estudados no grupo familiar de crianças em idade escolar de Araya, município de Cruz Salmerón Acosta, estado de Sucre.

Locais de restrição

Haplótipos* HincII HindIII HindIII HindIII HincII HincII HincII HincII **N.º de cromossomas Freq** (%)

	5'ε	Gγ	A γ ψβ	3'ψβ		
Bantu ou CAR	-	+	- -	-	8	100
Total					8	100

*Designação de acordo com Sutton et al. (1989).

Frequência dos haplótipos do gene HBB*A estudados no grupo familiar de escolares de Manicuare, município de Cruz Salmerón Acosta, estado de Sucre.

Locais de restrição

Haplótipos	HincII 5'ε	HindIII G γ	HindIII A γ	HincII ψβ	HincII 3'ψβ	N.º de Cromossoma	Freq (%)
2	+	-	-	-	-	3	50
5	-	+	-	+	+	1	16,7
9	-	+	+	+	+	1	16,7
11	-	-	-	+	+	1	16,7
Total						6	100

*Designação de acordo com Long et al. (1990).

Tabela 12. Distribuição dos haplótipos do gene HBB*S estudados no grupo familiar de crianças em idade escolar de Manicuare, município de Cruz Salmerón Acosta, estado de Sucre.

Locais de restrição

Haplótipos* HincII HindIII HindIII HindIII HincII HincII HincII HincII **N.º de cromossomas Freq** (%)

5'εG γA γψβ3'ψβ

Bantu ou CAR -	+	-	-	-	3	50
Benim (Ben) -	-	-	-	+	2	33,3
Camarões (Cam) -	+	+	-	+	1	16,7
Total					6	100

*Designação de acordo com Sutton et al. (1989).

DISCUSSÃO

A partir da análise de 289 amostras de sangue periférico, foi possível determinar a presença de variantes de hemoglobina de origem africana em ambas as populações. De acordo com a comparação da frequência das variantes de hemoglobina encontradas entre os escolares pertencentes às escolas Araya e Manicuare, foi possível determinar a maior frequência para a variante S com 3.8% (n=5) e 1,5% (n=2) para a variante S,8% (n=5) e 1,5% (n=2) para a Hb $A_{(2)}\uparrow$ em Araya, em contraste com as variantes encontradas em Manicuare, onde 5 indivíduos com a variante S apresentaram 3,2% e 3,8% de Hb $A_{(2)}\uparrow$ (n=6). Nesse sentido, observou-se que as populações de Araya e Manicuare apresentaram a mesma frequência do traço falciforme, o que pode gerar um grave problema de saúde pública nessas duas populações no futuro.A presença da Hb S de origem africana em Araya e Manicuare deve-se em parte à localização geográfica ou ao dinamismo entre o trânsito humano de indivíduos africanos e europeus durante o período colonial, ao qual ambas as populações foram submetidas nos séculos passados. Segundo Navarrete, 2005, a península de Araya era o ponto de chegada dos navios negreiros e um dos centros importantes do tráfico de escravos, pois os navios que traziam escravos africanos para trabalhos forçados desembarcavam na península de Araya, como os holandeses que trouxeram escravos africanos para a península para trabalhar nas minas de sal da península de Araya.Estes resultados são consistentes com os resultados obtidos por Arends et al. (2007) num estudo sobre hemoglobinopatias realizado na Venezuela; neste estudo, foram analisadas 80 400 amostras de indivíduos de diferentes regiões da Venezuela, encontrando 9% (7 305 indivíduos) de hemoglobinopatias, das quais 80% eram variantes estruturais em heterozigotia, homozigotia ou associadas a uma talassemia menor. Da mesma forma, Medina (2013) relatou uma frequência de 2,0% de variantes de hemoglobina nos municípios de Benítez e Bolívar, estado de Sucre, em Guariquen, município de Benítez, e 3,0% de variantes em Petares, município de Bolívar, sendo a variante S a mais , seguida da variante C. Os resultados obtidos em Araya e Manicuare em escolares e seu grupo familiar no período 2014-2015, corroboram os resultados obtidos em um estudo realizado em Araya e Manicuare sobre variantes de hemoglobina por Salazar et al. (1996), neste ano encontraram a presença de variantes de hemoglobina com uma frequência de 2.5% da análise em 200 amostras de sangue periférico, encontrando uma amostra com Hb C e outra com Hb $SA_{(2)}\uparrow$, duas apresentaram valores de Hb $A_{(2)}\uparrow$, uma delas com evidência de β-talassemia minor e uma amostra apresentou Hb fetal aumentada na população escolar de Araya, e em Manicuare apenas uma era heterozigota AS com frequência de 0.74% (n=135), estes resultados levaram estes investigadores a concluir que as variantes nestas duas populações são esporádicas ou resultado de migrações recentes (pequenas migrações), uma vez que os indivíduos que tinham as variantes detectadas em Manicuare eram provenientes do município de Rivero.Como pode ser visto, a alta frequência de Hb S de origem africana e Hb $A_{(2)}\uparrow$ como indicativo de beta talassemia menor geralmente em indivíduos caucasianos do Mediterrâneo relatados em Araya e Manicuare no período escolar 2014-2015. Deve-se à elevada taxa de consanguinidade a que estas duas populações estiveram sujeitas durante muito tempo, uma vez que todos os indivíduos com traço falciforme encontrados nestas duas populações referiram ser habitantes nascidos nestas duas populações, e no estudo familiar os mais velhos referiram ser fundadores de Araya e Manicuare, o que significa que estas variantes de hemoglobina não são esporádicas nestas populações e devem-se às grandes migrações na época da colónia.Mais uma vez, é evidente a presença de variantes de hemoglobina nas populações do estado de Sucre e a sua íntima relação com a chegada de europeus e africanos durante o processo de colonização; a distribuição destas variantes responde a um padrão determinado pela forma como estas populações se instalaram no território venezuelano (Acosta, 1967; Cunil-Grau, 1987; Sáenz, 1988; Arends et al, 2000; Salazar et al., 2002; Arends et al., 2007). É sabido que o estado de Sucre tem uma componente africana de 16% na sua população (Salazar, 2004).Consequentemente, a manifestação de Hb $A_{(2)}\uparrow$ encontrada em dois indivíduos da população de Araya com valores diminuídos de VCM 69±2 FL e MCH 18±1 pg e 6 em Manicuare com VCM 62±2 FL e MCH 15±1 pg respetivamente, isto poderá significar que estes valores levam estes indivíduos a uma microcitose com hipocromia (VCM e MCH) abaixo do limite normal. Assim, os níveis elevados de Hb A_2 são variáveis de acordo com a mutação que causa esta doença e são geralmente considerados indicativos de β-talassemia minor ou "traço talassémico" em indivíduos caucasianos do Mediterrâneo (Evans et al., 2003; Villalba, 2015). Isto significa que na população Manicuare existe uma grande variabilidade de raças, sendo a componente europeia encontrada com maior frequência, seguida da componente africana.Salazar (2004) refere que, por entes federativos, a maior incidência de Hb S na Venezuela encontra-se nos estados de Bolívar, Guárico, Cojedes e Aragua, sendo este último o estado com maior percentagem desta alteração genética. Por sua vez, os estados de Táchira, Mérida e Nueva Esparta são os que apresentam a menor frequência desta variante da hemoglobina. No resto dos estados, a frequência da hemoglobina S varia entre 1,5 e 3,5%. Relativamente aos parâmetros hematológicos determinados nos alunos de ambas as populações estudadas, os valores médios de Hb, Hct, MCV, MCCH e MCH nos alunos com o fenótipo AA não indicaram alterações hematológicas e os valores mantiveram-se dentro do intervalo de referência proposto pela OMS (OMS, 2005).Nos casos de portadores de Hb S diagnosticados nas duas populações estudadas, estes apresentaram alterações mínimas nas séries hematológicas, isto pode dever-se ao facto de mais de metade do seu sangue sintetizado estar geneticamente alterado, enquanto a outra metade é normal, o que ajudaria a contrariar os efeitos que a mutação poderia causar nestes indivíduos, exibindo a mesma eficácia biológica que os homozigotos normais (Hb AA) (Sebastiani et al, 2005; Pérez, 2015; Villalba, 2015), o que é consistente com os resultados registados por Salazar et al. (1996) em crianças em idade escolar das populações de Araya e Manicuare.A exceção foi com três portadores AS representados por três mulheres adultas que apresentavam valores diminuídos de parâmetros hematológicos (Hb, MCV). Elas também apresentaram diminuição da Hb basal durante a gravidez, o que levou à anemia por deficiência de ferro. Os três indivíduos com traço falciforme apresentaram hipoxia quando se encontravam em espaços confinados, como por exemplo no transporte marítimo conhecido como "Tapaitos", o que dificulta a viagem constante destas pessoas neste tipo de transporte Portanto, os parâmetros hematológicos podem variar em alguma medida dependendo do ambiente em que o indivíduo se desenvolve, de fatores genéticos ou em muitos casos de elementos envolvidos em outras doenças que comprometem a saúde do indivíduo (Medina, 2013).No que diz respeito à análise dos polimorfismos do gene HBB*A, foram identificados 12 haplótipos. O haplótipo com maior frequência em ambas as populações estudadas foi o haplótipo 2 (+). O mesmo haplótipo foi relatado em populações oceânicas, como a Melanésia e a Polinésia. Também foram relatados em tribos brasileiras e em outras populações venezuelanas. Para Vivenes et al. (2003) foi o haplótipo mais relevante encontrado entre as costas de Sucre e Anzoátegui. O haplótipo 2 (+) do gene HBB*A é o segundo gene mais frequente nas populações mexicanas com raízes africanas. A sua presença em Araya e Manicuare é um indício de miscigenação com populações oceânicas, europeias, ameríndias e africanas. De acordo com Long et al. (1990), o haplótipo 2 é o resultado de um haplótipo ancestral ou de outro haplótipo de primeira ordem, originado por mutações ou conversões de genes. Em Araya e Manicuare, o mesmo haplótipo atípico (+ + + - +) relatado por Villalobos et al. (1997) foi encontrado numa população indígena mestiça mexicana. O mesmo haplótipo foi relatado por González et al. (1998), na população afro-americana de Campoma, no estado de Sucre. O achado de haplótipos atípicos do gene HBB*A e HBB*S em Araya e Manicuare é o produto de vários eventos de recombinação entre haplótipos ancestrais que foram fixados como resultado do desequilíbrio de ligação, que é indicativo de parentesco entre indivíduos intimamente relacionados. Isto pode fazer com que os haplótipos presentes nos cromossomas ancestrais da doença falciforme (CAR ou Bantu, Ben, Cam, Sen e Árabe/Hindu) e os haplótipos do cromossoma do gene HBB*A se recombinem em indivíduos heterozigóticos (para os haplótipos), fazendo com que a sua descendência apresente haplótipos atípicos (Villalobos et al., 1997; Medina, 2013). No estudo de polimorfismo do gene HBB*S, o haplótipo Bantu (- + - - - - - -) foi obtido com a maior frequência na população Araya (80%), o mesmo haplótipo que predomina em indivíduos dos estados de Sucre, Anzoátegui, Cojedes e Carabobo (Vivenes et al., 2003; Arends et al., 2007). Foi também encontrada no Brasil, na Colômbia, em Guadalupe e nas Caraíbas. Essas regiões estiveram envolvidas na chegada de navios negreiros da África para as colônias nas Américas durante o auge da colonização (Duran et al., 2012; Romero et al., 2015; Villalba, 2015).Na população Manicuare, uma ordem de frequência dos haplótipos do gene HBB*S foi determinada como , o haplótipo Bantu (-+ - - - - -) e Ben (+) com um 40%, seguido pelo haplótipo Cam (- + + + - - - +) com uma percentagem de 20%. É importante notar que os haplótipos Sen e Árabe/Hindu estavam ausentes em ambas as populações. Assim, foi encontrada a mesma ordem de frequência de haplótipos encontrada em diversos estudos no Brasil e na Colômbia. Moreno et al. 2002 no Estado de Aragua e Arends et al. (2007) relataram que no noroeste da Venezuela o haplótipo Ben é o mais frequente, seguido por CAR e pequenas proporções de Sen e Cam. O estudo familiar foi realizado com o objetivo de corroborar a origem do alelo S encontrado nas populações escolares estudadas. Assim, a Hb S foi determinada com maior frequência em ambas as populações. No grupo da família Araya, 53,3% da variante S foi encontrada em 8 indivíduos. No caso do grupo familiar Manicuare, 6 foram positivos para Hb S com uma frequência de 33,3%. No grupo familiar de Manicuare, o haplótipo CAR foi encontrado com maior frequência, seguido por Ben e Cam. No entanto, em Araya, apenas o haplótipo CAR foi registado no grupo familiar. árvores genealógicas dos grupos familiares de Araya mostram que a maioria herdou o alelo do pai e um grupo herdou-o da mãe. Como se pode ver nas árvores genéticas dos grupos familiares em Araya, a maioria herdou o alelo do pai e um grupo herdou-o da mãe. Em Manicuare, 3 crianças herdaram o alelo S da mãe e 2 crianças herdaram-no do pai. Desta forma, foi mais fácil explicar a cada grupo familiar as possibilidades de ter filhos homozigóticos para Hb S e os haplótipos associados a esta mutação.Com o estudo do polimorfismo genético em Araya e Manicuare, foi possível demonstrar a população de africanos no município de Cruz Salmerón Acosta, no estado de Sucre, e que a maioria destes indivíduos tinha a sua origem na Região Centro-Africana (RCA), e pequenas proporções no Benim e nos Camarões. Esses resultados diferem dos relatados para os municípios de Rivero, Bolívar e Benítez, que apresentaram uma ordem de frequência para os haplótipos do gene HBB*S (Ben, CAR e Sen) (González et al., 1998; Medina, 2013). Sugerindo duas histórias diferentes para o comércio de escravos no leste da Venezuela (estado de Sucre) e com elas uma distribuição diferente de hemoglobinopatias e seus haplótipos associados ao gene HBB. Em vários estudos, postulou-se que a maior proporção de indivíduos que vieram de África para a América era originária do Benim e pequenas proporções da Região Centro-Africana (RCA), do Senegal e dos Camarões (González et al., 1998; Moreno et al., 2002; Arends et al., 2007; Medina, 2013). No entanto, em nosso achado, o haplótipo CAR foi encontrado com maior proporção em ambas as populações estudadas.Uma diferença importante entre o presente estudo e outros relacionados a haplótipos e haplótipos do gene HBB na Venezuela está nas populações estudadas. Cada população mostrou uma distribuição particular de haplótipos, o que explica que a distribuição de haplótipos nas populações incluídas neste estudo sugere que indivíduos da África Central (Bantu) foram dispersos pelo leste da Venezuela e, portanto, contribui com o haplótipo mais frequente em Araya e Manicuare, município de Cruz Salmerón Acosta, estado de Sucre. A identificação, a nível genético molecular, de polimorfismos do gene HBB*S tem Os padrões culturais e migratórios dos povos africanos, afro-americanos e asiáticos têm sido estudados. Nas Américas, foi possível decifrar as origens exactas dos escravos negros ao longo dos últimos séculos. A evidente miscigenação da população torna os haplótipos e as variantes de hemoglobina uma ferramenta útil para corroborar a informação histórica sobre a colonização da Venezuela (Arends, 1971; Salazar, 2004; Bravo-Urquiola et al., 2007). Assim, a alta frequência de haplótipos mistos encontrados no país poderia influenciar o comportamento clínico dos casos (Bravo-Urquiola et al., 2007).Os indivíduos que apresentaram haplótipos CAR (-+ -), Benin (+), Cam (- ++ +)e Atypical (++ -+ -) S, mostraram alterações mínimas nos parâmetros hematológicos, porque os portadores de Hb S só são afectados num alelo do gene. Aparentemente não existem anemias por deficiência de ferro, nem anomalias no resto dos parâmetros hematológicos nas populações estudadas; a aparente ausência de anemias por deficiência está relacionada com os hábitos alimentares destas populações em que o seu principal sustento é o peixe como fonte de proteína animal, que para além de ser rico em ferro (heme) favorece a absorção do não-heme presente nos produtos vegetais da dieta (Cook e Monsen, 1976). Embora se deva notar que existem estudos que mostram que a ingestão de ferro e os níveis de hemoglobina no sangue são variáveis independentes (Mata et al., 1993). Alguns estudos referem que as alterações hematológicas mais acentuadas são observadas em doentes com anemia falciforme ou traço falciforme que herdam os haplótipos CAR (- + - - - - - -), Benin (+) e Cam (-+ + - +), em que apresentam uma sintomatologia mais grave, ao contrário dos que herdam o haplótipo Sen (-+ -+ +) e Árabe/Hindu que têm uma gravidade intermédia, o que se deve à persistência da Hb F após a idade fetal no indivíduo em alguns casos (Duran et al., 2012; Villalba, 2015). Embora esta relação nem sempre esteja presente, os haplótipos de um indivíduo permitem fazer uma aproximação da gravidade da doença falciforme. Além disso, os haplótipos representam um indicador da resposta que pode expressar um indivíduo com doença falciforme ou traço falciforme ao tratamento com hidroxiureia, o tratamento mais comum para a doença.

A hidroxiureia aumenta as concentrações de Hb F, mas em doentes com haplótipos Bantu e Cam, são necessárias concentrações de hidroxiureia próximas do intervalo tóxico do fármaco para atingir uma concentração de Hb F que minimize significativamente os sintomas da doença. Para além disso, a resposta ao medicamento diminui rapidamente ao longo do tempo nestes doentes (Duran et al., 2012). O conhecimento precoce dos haplótipos de um indivíduo permite que sejam tomadas medidas relativamente ao tipo de tratamento que deve ser utilizado para minimizar os danos. Esta é uma ocasião apropriada para insistir no real e verdadeiro problema de saúde pública que as doenças falciformes representam em vários países ou regiões da nossa América. Exceto nos casos excepcionais de hipoxia em indivíduos heterozigotos Hb AS, uma vez que se trata de uma condição benigna que não constitui um problema notável de saúde pública, embora seja um problema de educação e aconselhamento genético. A doença falciforme é considerada um problema de saúde pública pela OMS, devido à sua elevada prevalência em determinadas regiões do mundo, principalmente nos países subdesenvolvidos, onde o manejo ainda é inadequado, com falta de programas de rastreio, prevenção e controlo, e diagnóstico tardio, quando o paciente já apresenta complicações irreversíveis.O objetivo primordial deve centrar-se na melhoria do atendimento a este grupo de pacientes, procurando uma abordagem precoce e abrangente, implementando programas de rastreio em massa nas populações escolares, de modo a evitar a chegada de crianças com anemia falciforme quando os escolares decidirem ter a sua ascendência no futuro. Por esta razão, esta pesquisa foi realizada para determinar as variantes de hemoglobina e haplótipos associados do gene HBB em crianças em idade escolar e suas famílias de Araya e Manicuare, município de Cruz Salmerón Acosta, estado de Sucre. Os portadores de Hb S foram sensibilizados para o carácter delicado e grave da anemia. Os pais e familiares receberam várias palestras para informá-los sobre a doença falciforme. Em seguida, receberam aconselhamento genético para evitar o nascimento de novas crianças homozigotas. Estes estudos são importantes porque representam uma contribuição para o conhecimento da estrutura genética da população venezuelana, neste caso a população do estado de Sucre, no município de Cruz Salmerón Acosta. Este estudo faz parte de um conjunto de investigações que estão a ser realizadas no estado de Sucre com o objetivo de identificar os municípios com maior incidência de haplótipos do gene HBB associados a diferentes hemoglobinopatias. A relação entre os diferentes haplótipos do gene HBB*S e a sintomatologia heterogénea da anemia falciforme tem permitido elucidar, ainda que parcialmente, a expressão biológica desta doença, que deve ser devidamente diagnosticada com técnicas adequadas para excluir outros factores capazes de mascarar o verdadeiro genótipo de hemoglobina do indivíduo.

CONCLUSÕES

Nesta pesquisa, a presença da Hb A na forma homozigota e das variantes S e $A_{(2)}\uparrow$ na forma heterozigota foi detectada em ambas as populações com uma freqüência elevada.A origem da Hb S detectada nas populações de Araya e Manicuare evidencia mais uma vez a existência dos diferentes estoques raciais relatados acima. Os altos níveis de Hb A_2 encontrados em alguns escolares de Araya e Manicuare podem inferir que mutações de origem mediterrânea como as talassemias ocorreram nestas localidades, mantendo um importante componente europeu nestas populações.Os escolares heterozigotos AS não apresentaram alterações nos parâmetros hematológicos, provavelmente devido às condições geográficas das áreas estudadas. Os escolares e os heterozigotos AS apresentaram diminuição da Hb, VCM e HCM provavelmente devido à presença dos haplótipos Bantu e Benin que conferem complicações em condições adversas aos indivíduos com traço falciforme.O haplótipo 2 do gene HBB*A foi encontrado com maior frequência nas duas populações estudadas, provavelmente devido ao resultado de um haplótipo ancestral ou outro de primeira ordem, proveniente de mutações ou conversões génicas em ambas as populações. A presença de dois haplótipos atípicos para o gene HBB*A e HBB*S pode dever-se a vários eventos de recombinação entre haplótipos ancestrais. A presença do haplótipo CAR ou Bantu do gene HBB*S com uma frequência mais elevada em Araya é um indício de que esta população está intimamente relacionada com regiões da República Centro-Africana. Sugerindo duas histórias diferentes para o comércio de escravos na época colonial e, com elas, a distribuição e a origem das hemoglobinopatias no leste da Venezuela (estado de Sucre). A população de Manicuare apresentou o mesmo rácio de frequência com as regiões de Benin e Bantu, o que significa que se trata de uma população com uma grande variedade de ascendência africana, tendo em conta a presença do haplótipo dos Camarões, que até agora foi a única população do estado de Sucre que reportou este haplótipo.Os estudos sobre os haplótipos do gene HBB representam uma contribuição para o conhecimento da estrutura genética da população venezuelana. A presença de hemoglobinopatias em Araya e Manicuare pode ser devida às grandes migrações durante o processo de colonização.

RECOMENDAÇÕES

Recomenda-se que o governo venezuelano invista mais orçamento em projectos de investigação relacionados com estudos de base populacional para a deteção de hemoglobinopatias. Deve-se considerar a inclusão de outros centros de saúde, para que os indivíduos tenham melhor acesso a testes para diferentes hemoglobinopatias. Porque a anemia falciforme é uma doença muito comum na população em geral. A tónica deve ser colocada na melhoria dos cuidados prestados a este grupo de investigação, procurando uma abordagem precoce e abrangente, implementando programas de rastreio em massa nas populações escolares, de forma a prevenir a chegada de crianças com anemia falciforme.

APÊNDICES

ÁRVORE GENÉTICA FAMÍLIA

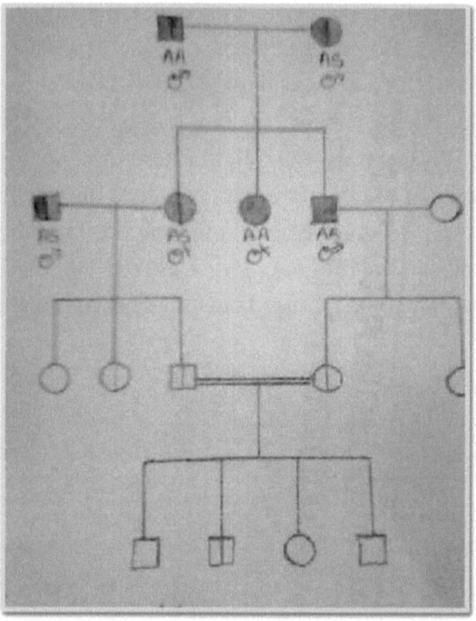

IRMÃOS 123

1. Árvore genética efectuada em familiares de crianças que se descobriu serem portadoras.

CONSENTIMENTO INFORMADO

TÍTULO DO PROJETO: Estudo dos haplótipos do gene HBB em escolares do município de Cruz Salmerón Acosta, estado de Sucre, 2014-2015.

COORDENADOR DO PROJECTO: Prof. María José González e Dra. Martha Bravo Urquiola.

TELEFONE: 0293.40.25.29 - 0414.383.85.99

INTITUIÇÕES:

- Universidad de Oriente, Núcleo de Sucre, Departamento de Biologia.
- Universidade Central da Venezuela.
- LIHA (Laboratório de Investigação de Hemoglobinas Anómalas).
- Instituto Anatómico "José Izquierdo".

OBJECTIVOS DO ESTUDO:

- Determinar os parâmetros hematológicos: Hemoglobina (Hb), Hematócrito (Hcto), Concentração de Hemoglobina Corpuscular Média (CHCM), Volume Corpuscular Médio (VCM), Hemoglobina Corpuscular Média (CHCM) em crianças em idade escolar e seu grupo familiar das aldeias de Araya e Manicuare, município de Cruz Salmerón Acosta, estado de Sucre.
- Identificar variantes de hemoglobina em crianças em idade escolar e suas famílias da população de Araya e Manicuare, município de Cruz Salmerón Acosta, estado de Sucre, por eletroforese em membranas de acetato de celulose.
- Quantificar os parâmetros relativos de Hb A_1, A_2, F e variantes de hemoglobina por cromatografia líquida de alta eficiência com permuta catiónica (HPLC-EC).
- Identificar os haplótipos do gene HBB utilizando a técnica molecular do polimorfismo de comprimento de fragmentos do gene HBB.

restrição (RFLP's).

- Atribuir haplótipos do gene HBB de acordo com os locais de corte das enzimas de restrição no ADN amplificado por PCR.

As informações e os materiais biológicos obtidos neste estudo serão utilizados única e exclusivamente para fins desta investigação.I:C.I

Sendo maior de idade e de mente sã e sem qualquer coação da minha parte, eu declaro:

> Ter sido informado de forma clara e simples de todos os aspectos relacionados com este estudo.

> Que a equipa que conduz o estudo me garantiu a confidencialidade da minha identidade e de todas as informações que me dizem respeito.

> Que em nenhuma circunstância me foi oferecido, nem tenciono receber, qualquer benefício financeiro dos resultados do estudo.

> Que o principal benefício que terei será o de receber o relatório de diagnóstico.

DECLARAÇÃO DO VOLUNTÁRIO:

Depois de ter sido informado e de ter esclarecido as minhas dúvidas sobre o estudo, concordo em participar no presente estudo.

Assinatura do voluntário:

Data:

Assinatura do investigador:

Data:

Nome do enumerador:

2. Consentimento informado para a recolha de amostras de sangue

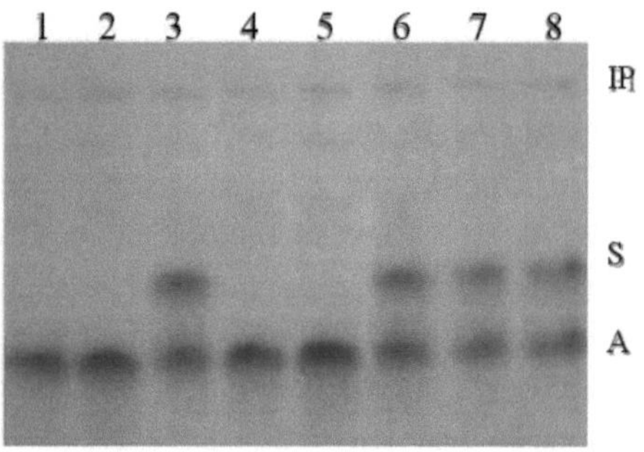

PI: Ponto de partida da corrida

3. Eletroforese de hemoglobina em acetato de celulose, a pH 8,6, para mostrar o padrão de migração das diferentes hemoglobinas. Na via 8 encontra-se o controlo (AS); 1, 2 e 4 normal (AA); 3, 6 e 7 heterozigótico AS.

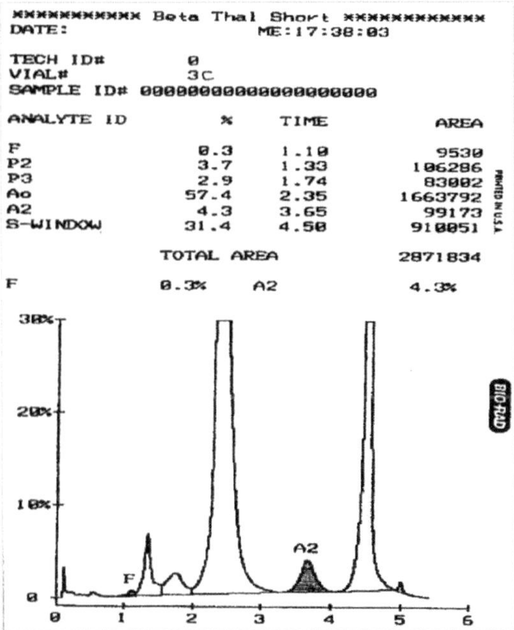

4.Cromatograma mostrando a presença de um heterozigoto com hemoglobina AS.

Indicadores "Primers"	Oligonucleótidos	Inicial T (°C)	Inicial Tiempo	Desnaturalización T (°C)	Desnaturalización Tiempo	Alineamiento T (°C)	Alineamiento Tiempo	Elongación T (°C)	Elongación Tiempo	Extensión final T (°C)	Extensión final Tiempo
		Desnaturalización		35 Ciclos							
[illegible] [illegible]	TAGTCCCACTGTGGACTACTT CCTGAGAGCTTGCTAGTGATT	94	1'	94	15"	55	15"	72	23"	72	90"
S2 S3	AAGTGTGGAGTGTGCACATGA TGCTGCTAATGCTTCATTACAA	94	1'	94	15"	60	15"	72	23"	72	90"
S3 S4	TGCTGCTAATGCTTCATTACAA TAAATGAGGAGCATGCACACAC	94	1'	94	15"	60	15"	72	23"	72	90"
S5 S6	GAACAGAAGTTGAGATAGAGA ACTCAGTGGTCTTGTGGGCT	94	1'	94	15"	55	15"	72	23"	72	90"
S7 S8	TCTGCATTTGACTCTGTTAGC GGACCCTAACTGATATAACTA	94	1'	94	15"	55	15"	72	23"	72	90"

5. Condições de PCR utilizadas para a amplificação das regiões polimórficas do grupo de genes HBB de acordo com o protocolo de Bavilaquia et al. (1995).

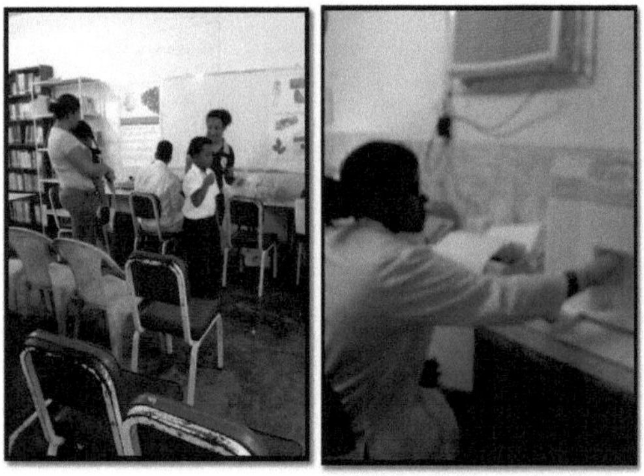

6.Dia de recolha de sangue para crianças em idade escolar na E.B. "Cruz Salmerón Acosta", Araya, município de Cruz Salmerón Acosta, estado de Sucre.

7.Dia de recolha de sangue para crianças em idade escolar na E.B. "Cruz Salmerón Acosta", Manicuare, município de Cruz Salmerón Acosta, estado de Sucre.

8. Amostragem do grupo familiar de crianças em idade escolar que foram consideradas portadoras de Hb AS, Araya, município de Cruz Salmerón Acosta, estado de Sucre.

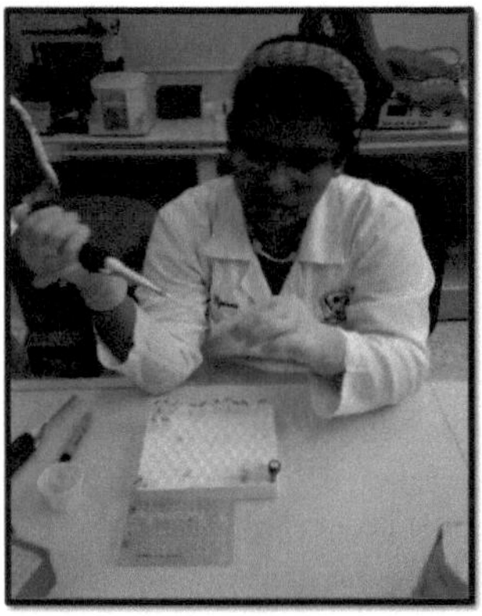

9. Análise do polimorfismo no gene HBB em crianças em idade escolar e no grupo familiar de Araya e Manicuare, município de Cruz Salmerón Acosta, estado de Sucre.

BIBLIOGRAFIAS

Acosta, M. 1967. A vida dos escravos negros na Venezuela. Hesperides. Caracas, Venezuela.

Arends, T. 1961. O problema das hemoglobinopatias na Venezuela. Revista Venezolana de Sanidad y Asistencia Social, 26: 61-68.

Arends, T. 1971. Epidemiologia das variantes de hemoglobina na Venezuela. In: Genetical, Functional and Physical Studies of Hemoglobin. Arends, T.; Bemsky, G.; Nagel, R. (Eds.) Karger. Brasilea, Suíça. Pp. 509-559.

Arends, T. 1984. Epidemiology of haemoglobin variants in Venezuela. Gaceta Médica Caracas, 92: 189-224.

Arends, T.; Salazar, R.; Anchustegui, M. e Garlin, G. 1990. Variante de hemoglobina na região nordeste da Venezuela. Interciencia, 15: 36-41.

Arends, A.; Álvarez, M.; Velázquez, D.; Bravo, M.; Salazar, R.; Guevara, J. e Castillo O. 2000. Determinação dos haplótipos do cluster do gene da beta-globina e prevalência de alfa-talassemia em pacientes com anemia falciforme na Venezuela. American Journal of Hematology, 64: 87-90.

Arends, A.; Chacín, M.; Bravo, M.; Montilla, S.; Guevara, J.; Velázquez, D.; García, G.; Álvarez, M. e Castillo, O. 2007. Hemoglobinopatias na Venezuela. Interciencia, 32: 516- 521.

Bavilaquia, L.; Matteri, V.; Ewald, G.; Salzano, F.; Coembra, C. e Santos, R. 1995. Distribuição haplotípica do cluter do gene da β- globina nas cinco tribos indígenas brasileiras. American Journal of Physical Anthropology, 98: 395-401.

Bernal, M.; Collazos, A.; Bonilla, R. e Tascón, E. 2010. Determinação da prevalência de hemoglobina S, C, D e G em recém-nascidos de Buenaventura, Colômbia Medical, 41: 141-147.

Betancourt, J. 1995. Variantes de hemoglobina e caraterísticas hematológicas em pacientes da população de Araya, Estado de Sucre. Tese de licenciatura. Departamento de Bioanálise, Universidade de Oriente, Cumaná.

Brandan, N.; Aguirre, M. e Giménez, C. 2008. "Hemoglobina". "Cátedra de bioquímica".<http://www.med.unne.edu.ar/catedras/bioquimica/pdf/hemoglobina.pdf>. (11/11/2013).

Bravo-Urquiola, M.; Arends, A.; Montilla, S.; Velásquez, D.; García, G.; Álvarez, M.; Guevara, J. e Castillo, O. 2004. Vantagens da Cromatografia Líquida de Alta Pressão (HPLC-CE) no estudo das hemoglobinopatias na Venezuela. Clinical Research, 45:309-315.

Bravo-Urquiola, M.; Arends, A.; Montilla, S.; Gérard, N.; Velásquez, D.; García, G.; Álvarez, M.; Guevara, J.; Castillo, O. e Krishnamoorthy, R. 2007. Caracterização molecular e origem da β-talassemia em pacientes venezuelanos. American Journal of Hematology, 32: 241-248.

Calvo-Villas, J.; Zapata, M.; Cuesta, J.; De la Iglesia, S.; Ropero, P.; Carreter, E. e Sicilia,F. 2006. Prevalência de hemoglobinopatias em mulheres grávidas na área de saúde de Lanzarote. Anais de Medicina Interna, 25: 206-212.

Colah, R.; Surve, R.; Sawant, P.; D'Souza, E.; Italia, K.; Phanasgaonkar, S.; Nadkarni, A. e Gorakshakar, A. 2007. HPLC studies in haemoglobinopathies (Estudos de HPLC em hemoglobinopatias). Jornal Indiano de Pediatria, 74: 657-662.

Cunil-Grau, P. 1987. Geografía del poblamiento venezolano en el siglo XIX. Segunda edição. Comissão Presidencial V Centenário de Venezuela e Universidade Central de Venezuela. Caracas, Venezuela.

Cook, J.; e Monsen, E. 1976. Food iron absorption in human subjects m. Comparison of effect of animal proetins on non-heme iron absorption. American Journal clinical nuttrition. 29: 859-867.

De Galiza, G. e Da Silva, M. 2003. Aspectos moleculares da anemia falciforme. Jornal Brasileiro de Patologia e Medicina Laboratorial, 6: 39-59.

De las Heras, S. e Pérez, L. 2008. Hemoglobinopatias diagnosticadas na área de saúde do Hospital Universitário Nuestra Señora de Candelaria de Santa Cruz de Tenerife durante um ano. Anais de Medicina Interna, 25: 61-66.

Duran, C.; Morales, O.; Echeverrim S. e Isaza, M. 2012. Haplótipos do gene da beta globina em portadores de hemoglobina S na Colômbia. Biomédica, 32:103-11.

Evans, G.; Poulsen, R.; Canahuate, J e Pastor, J. 2003. Pregnancy-associated thalassaemia.Revista Chilena Obstetricia Ginecologica, 68:124-128.

Fairhurst, R.; Baruch, D.; Brittain, N.; Ostera, G. e Wallach, J. 2005. A apresentação anormal de PfEMP-1 em eritrócitos portadores de hemoglobina C pode proteger contra a malária. Nature, 435: 1117- 1121.

García, O.; Chacín, M.; Bravo, M.; Gómez, G.; Montilla, S.; Merzón, R.; De Donato, M.; Castillo, O. e Arends, A. 2009. Diagnóstico de hemoglobinopatias a partir do sangue do calcanhar de recém-nascidos em diferentes centros hospitalares na Venezuela. Anales de Pediatría, 71: 314-318.

García, F.; Rodríguez, L.; Gómez, A.; Martínez, O.; Martínez, S.; González, O.; Jaime, J.; Guerra, C. e Gómez, D. 2010. Anemias hemolíticas hereditárias na perspetiva de um laboratório de referência no norte do México. Revista de Hematología, 11: 136-140.

Giardina, B.; Mosca, D. e De Rosa, M. 2004. The Bohr Effect of haemoglobin in vertebrates: an example of molecular adaptation to different physiological requirements. Ata Physiologica Scandinavica, 182: 229-244.

nzález, M., Salazar, R., Alvarez, M., e Arends, A. 1998. Haplótipos do gene em pacientes da população de Campoma, Estado de Sucre. Ata Cientifica Venezolana 49: 252-258.

Hempe, J. e Craver, R. 1994. Quantificação de variantes de hemoglobina por focalização isoeléctrica capilar. Clinical Chemistry, 40: 2288-2295.

Hoffman, R.; Benz, E.; Shattil, S.; Furie, B. e Cohen, H. 2000. Haematology: Basic Principles and Practice. Terceira Edição. Churchill Livingstone.

Kai, S. 2007. Manual de instruções "Biophotometer plus eppendorf. Hamburgo. Alemanha.

Kazazian, H. 1990. The thalassemia syndromes: molecular basis and prenatal diagnosis in 1990. Seminários em Hematologia, 27: 209-228.

Kunkel, H. e Wallenius, G. 1955. New haemoglobin in normal adult. Ciência do Sangue, 10:122-128.

Labie, D.; Richin, C.; Pagnier, J.; Gentilini, M. e Nagel, R. 1984. Hemoglobinas S e C no Alto Volta. Human Genetics, 65: 300-302.

Lewis, S.; Bain, B. e Bates, I. 2008. Practical haematology. Décima edição. El Sevier. Barcelona, Espanha.

Long, J.; Chakravarti, A.; Bohem, C.; Antonarakis, S. e Kazazian, H. 1990. Phylogeny of human β- globin haplotypes and its implications for recent human evolutions. American Journal of Physical Anthropology, 81: 113-150.

Malcorra, J. 2001. Haemoglobinopatias e talassemias. Sangue, 78: 2165-2177.

Martínez, G.; Hernández, L.; Muñiz, C. e Hernández, A. 1997. Biologia molecular das hemoglobinopatias e das hemopatias malignas. Revista Cubana Hematology Inmunology Hemoterapia, 12: 3-6.

Mata, E.; De Hollain, P. e Bauce, G. 1993. Evolução nutricional de um grupo de crianças em idade pré-escolar no Estado de Monagas. Nutrición. 6:11-18.

Medina, J. 2013. Estudo de variantes de hemoglobina e haplótipos do gene da β globina em escolares das populações de Guariquen, Município de Benítez e Petare, Município de Bolívar. Tese de licenciatura. Departamento de Biologia, Universidad de Oriente, Cumaná.

Mongini, C. e Waldner, C. 1996. Metodologia para a avaliação de células mononucleares. Médica Panamericana. Argentina.

Moreno, N.; J. A. Martinez; Z. Blanco, L.; Osorio; e P. Hackshaw. Blanco, L.; Osorio. e P. Hackshaw. 2002. Haplótipos do grupo de genes da beta-globina em pacientes venezuelanos com células falciformes do Estado de Aragua. Genetics

and Molecular Biology 25: 21 - 24.
Nagel, R. 1984. A origem do gene da hemoglobina S: Consequências clínicas, genéticas e antropológicas. Einstein Quart Journal of Medicine, 2: 53-62.
Navarrete, M. 2005. Génesis y desarrollo de la esclavitud en Colombia: siglo XVI y XVII. Colômbia, Universidad del Valle.
Organização Mundial de Saúde (OMS). 2005. Prevalência da doença falciforme. Reunião EB117/34. Génova, França.
Oropeza, T.; Flores-Angulo, C.; Villegas, C.; Martínez, J.; Pulido, N.; Baeta, F. e Moreno,N. 2014. Deteção de portadores de traço falciforme em uma amostra populacional de Maracay e sua área metropolitana. Comunidade e Saúde, 12: 46-55.
Pathrapol, L.; Amporn, L.; Tirawat, W.; Saovaros, S.; Suthat, F. e Duncan, R. 2010. Um mecanismo de eritropoiese ineficaz na doença β-talassemia/Hb E. Haematologica, 95: 716-723.
Pauling, L.; Itano, H.; Singer, S. e Wells, L. 1949. Anemia falciforme, uma doença molecular.
Ciência, 15: 110-543.
Peñaloza, R.; Buentello, L.; Hernández, M.; Nieva, B.; Lisker, R. e Salamanca, F. 2008. Frequência da hemoglobina S em cinco populações mexicanas e sua importância na saúde pública. Saúde Pública do México, 50: 325-329.
Peñuela, O. 2005. A hemoglobina: uma molécula modelo para o investigador. Colombia Medical, 36: 215-225.
Pérez, S. 2015. Hemoglobinopatias. Jornal Americano de Hematologia, 353: 498-507. Perutz, M. 1972. Hemoglobina: o pulmão molecular. New Science, 14: 14-18.
Rodríguez, W.; Sáenz, G. e Chaves, M. 1998. Haplótipos da hemoglobina S: significado epidemiológico, antropológico e clínico. Revista Panameña de Salud Pública, 3: 1-8.
Romero, C.; Gómez, A.; Durante, Y.; Amazo, C.; Manosalva, C.; Chila, L.; Casa, M. e Briceño, I. 2015. Variantes de hemoglobina em uma população com impressão diagnóstica positiva para hemoglobinopatias na Colômbia. Revista Médica Chilena, 143: 1260-68.
Ruíz, G. 2003. Hemoglobinopatias e talassemia. In: Fundamentos de hematología. Ruíz- Arguelles, G. Terceira edição. Médica Panamericana. Argentina.
Saenz, G. 1988. Hemoglobinopatias nos países da bacia das Caraíbas. Journal of Tropical Biology, 36: 361- 372.
Sáenz, G. 2005. Hemoglobinas anómalas. Ata Médica Costarricense, 47: 173-

179.
Salazar, R. 1995. Polimorfismo da hemoglobina na população venezuelana. Saber, 7: 15-19.
Salazar, R.; Betancourt, J.; Brines, M. e Arends, A. 1996. Caraterísticas hematológicas e variantes de hemoglobina nas populações de Araya e Manicuare, Estado de Sucre, Venezuela. Saber, 8: 50-55.
Salazar, R.; Bejarano, Y.; González, M. e Arends, A. 2002. Estratificação socioeconómica, parâmetros hematológicos e variantes de hemoglobina em crianças em idade escolar de três cidades do Estado de Sucre, Venezuela. Saber, 14: 55-59.
Salazar, R. 2004. Hemoglobina S na população venezuelana. Pesquisa Clínica, 45: 11-21.
Schneider, R. 1974. Differentiation of Electrophoreticall and Similar Hemoglobins - Such as 5, D, G, and P; or A2, C, E, and 0-by Electrophoresis of the Globin Chains. Clinical Chemistry, 20: 1111-1115.

Sebastiani, P.; Ramoni, M.; Notan, V.; Baldwin, H.; Steinberg, N. 2005. Dissecção genética e modelação prognóstica do AVC evidente na anemia falciforme. Natural Genetics, 37:435-440.
Shimizu, K.; Hashimoto, T.; Harihara, S.; Tajima, K.; Sonoda, S. e Zaninovic, V. 2001. Caraterísticas do haplótipo do gene da beta-globina dos ameríndios colombianos na América do Sul. Human Heredity, 51:54-63.
Sokal, R. e Rohlf, J. 1969. Biometry. D. W. Freeman and Co. São Francisco.
Sutton, M.; Bouhassira, E. e Nagel, R.1989. Amplificação da reação em cadeia da polimerase aplicada à determinação de haplótipos do grupo de genes da globina do tipo b. American Journal of Hematology, 32: 66-98.
Talmaci, R.; Traeger-Synodinos, J.; Kanavakis, E.; Coriu, D.; Colita, D. e Gavrila, L. 2004. Análise do gene da β-globina para identificação da mutação da β-talassemia na população romena. Journal of Cellular and Molecular Medicine, 8: 232-240.
Tan, G.; Dunstan, S. e Lee, S. 1993. Evaluation of high perfomance liquid chromatography for Soutine estimation of haemoglobins A_2 and F. Journal of Clinical Pathology, 46: 852- 856.
Turgeon, M. 2006. Clinical haematology. Teoria e procedimentos. Segunda edição. Manual moderno. Bogotá.
Vargas, C. 2011. Beta-talassemia. Revista médica de Costa Rica y Centroamérica, 68: 355- 357.
Vera, L. 2010. A hemoglobina: uma molécula prodigiosa. Revista Real

Academia de Ciencias Exactas, Físicas y Naturales, 104: 213-232.
Villalba, T. 2015. Da suspeita clínica ao achado casual: evolução dos estudos de hemoglobinopatias. Revista Médica Chilena, 206: 1325-31.
Villalobos, A.; Bustos, R.; Casas, M.; Gutierrez, E.; Perea, F.; Thein, S.1997. Haplótipos dos genes da β-talassemia e da β-globina em mestiços mexicanos. Human Genetics, 99: 498-500.
Vívenes, M.; Rodríguez-Larralde, A. e Castro-Guerra, D. 2003. Os haplótipos do grupo de genes da beta-globina como prova do fluxo de genes africanos para a costa nordeste da Venezuela. American Journal of Human Biology, 15: 1-9.
Vives, J. 2001. Anemias devidas a defeitos congénitos da hemoglobina: hemoglobinopatias estruturais e talassemias. Medicina, 8: 2684-2693.
Welsh, K. e Bunce, M. 1999. Tipagem molecular para o MHC com PCR-SSP. Immunogen Journal, 1: 157-176.
Westermeier, R. 1997. Electrophoresis in Practice: a Guide to Methods and Applications of DNA and Protein Separation, VCII. Segunda edição. Weinheim. Alemanha.
Zafeiriou, D.2006. "Neurological complication in beta-thalassemia",Brain and Desenvolvimento. Elsevier Science Incorporated, 20: 477-481.

FICHA METADATA

Ficha de metadados para teses e trabalhos de promoção - 1/6

Título	ESTUDO DOS HAPLÓTIPOS DO GENE HBB, EM ESCOLARES DO MUNICÍPIO DE CRUZ SALMERÓN ACOSTA, ESTADO DE SUCRE NO PERÍODO 2014-2015
Subtítulo	

Autor(es)

Apelido e nome próprio	Código CVLAC / correio eletrónico	
EMIRADOS DE LOURDES MAZA DE FIGUEROA	CVLAC	18.211.194
	correio eletrónico	Vivicar232010@hotmail.com
	correio eletrónico	
	CVLAC	
	correio eletrónico	
	correio eletrónico	
	CVLAC	
	correio eletrónico	
	correio eletrónico	

Palavras ou frases-chave:

Ficha de metadados para teses e trabalhos de promoção - 2/6

Linhas e sub-linhas de investigação:

Área	Subzona
Ciência	Biologia

RESUMO

*Foi efectuado um estudo da frequência das hemoglobinopatias e dos haplótipos do gene HBB nas localidades de Araya e Manicuare, município de Cruz Salmerón Acosta, estado de Sucre. Entre as duas populações, foi analisado um total de 289 amostras de sangue periférico de crianças em idade escolar. Foram colhidas aleatoriamente 132 amostras de sangue periférico na população de Araya e 157 amostras em Manicuare. Os parâmetros hematológicos (Hb, Hcto, CHCM, VCM, HCM) foram analisados por um analisador hematológico automático. Amostras de sangue periférico foram então analisadas por eletroforese em membranas de acetato de celulose a pH 8,6 para identificar as variantes de hemoglobina presentes nos escolares, encontrando 6,2% (n=18) de variantes de hemoglobina em indivíduos não aparentados e 93,8% (n=289) de indivíduos homozigotos para Hb A. As amostras que tiveram variantes detectadas foram analisadas pelo HPL CE para confirmação, relatando a variante Hb S com uma frequência de 3,8% (n=5) e a presença de Hb A2↑ com 1,5% (n=2) na população de Araya, da mesma forma foi encontrada uma frequência de Hb S (3,2%) (n=5) e Hb A2↑ com 3,8% (n=6) na forma heterozigota em Manicuare. Uma vez confirmada a presença de mutações no gene HBB nas duas populações, as regiões do cluster do gene HBB: 5'ε, $^{(G)}\gamma$, $^{(A)}\gamma$, ψβ e 3'ψβ foram amplificadas e cada uma delas foi digerida com as enzimas de restrição específicas HincII e HindIII. Através desta análise, foi possível identificar as caraterísticas de 7 haplótipos do gene HBB*A em escolares da população de Araya, sendo os mais frequentes: haplótipo 2 com 38,4%, seguido de 1 e 10 (15,4%) e um haplótipo atípico A (++-+-) com 7,7%. Em seguida, foram identificados 5 haplótipos do gene HBB*A na população de Manicuare, sendo o haplótipo 2 o mais frequente (53,8%), seguido dos haplótipos 1, 11 e um haplótipo atípico A (++-+-) com 15,4%. No caso dos haplótipos do gene HBB*S identificados na população da escola Araya, o haplótipo CAR foi encontrado com 75% e um haplótipo S atípico com 25%, e na população de Manicuare foram identificados os haplótipos CAR e Ben (40%), seguidos pelo haplótipo Cam (20%). Estes resultados diferem dos registados nos municípios de Rivero, Bolívar e Benítez e estão de acordo com os resultados registados no município de Sucre. Assim, as populações de Araya e Manicuare, município de Cruz Salmerón Acosta, estado de Sucre, mostraram uma distribuição particular de haplótipos, encontrando uma frequência elevada para o haplótipo Bantu, o que significa que os indivíduos africanos da África Central foram dispersos pelo leste da Venezuela e, por conseguinte, o haplótipo CAR é o mais frequente em Araya e, em Manicuare, Benin e CAR foram encontrados com a mesma proporção. Sugerindo duas histórias diferentes para o comércio de escravos africanos e, com elas, a distribuição e origem das hemoglobinopatias no leste da Venezuela (estado de Sucre).*

Palavras-chave: *haplótipos, HBB, células falciformes, traço falciforme.*

Ficha de metadados para teses e trabalhos de divulgação - 3/6

Colaboradores:

Apelido e nome próprio	ROLE / CVLAC Código / e-mail								
María José González	PAPEL	CA	☐	AS	X	SEU	JU	☐
	CVLAC								
	correio eletrónico	mariluna1azul							
	correio eletrónico								
Martha Bravo Urquiola	PAPEL	CA	X	AS		SEU	JU	X
	CVLAC								
	correio eletrónico								
	correio eletrónico								
Merlyn Vivenes de Lugo José Gregorio Betancourt	PAPEL	CA	☐	AS		SEU	JU	X
	CVLAC								
	correio eletrónico								
	correio eletrónico								

Data da discussão e aprovação: Ano Mês Dia

2016	07	22

Língua:**SPA**

Ficha de metadados para teses e trabalhos de promoção - 4/6

Ficheiro(s):

Nome do ficheiro	Tipo MIME
Tese- Emirjes De Lourdes Maza De Figueroa.doc	Aplicação/Palavra

Âmbito de aplicação:

Espaço :	Nacional	(Opcional)
Temporário:	Temporário	(Opcional)

Grau ou diploma associado à função:
Licenciatura em Biologia
Nível associado ao trabalho:Bacharelato
Área de estudo:Biologia
Instituição(ões) que garante(m) o(s) diploma(s):
Universidade do Oriente Núcleo de Sucre

Hoja de Metadatos para Tesis y Trabajos de Ascenso – 5/6

UNIVERSIDAD DE ORIENTE
CONSEJO UNIVERSITARIO
RECTORADO

CU N° 0975

Cumaná, 04 AGO 2009

Ciudadano
Prof. JESÚS MARTÍNEZ YÉPEZ
Vicerrector Académico
Universidad de Oriente
Su Despacho

Estimado Profesor Martínez:

Cumplo en notificarle que el Consejo Universitario, en Reunión Ordinaria celebrada en Centro de Convenciones de Cantaura, los días 28 y 29 de julio de 2009, conoció el punto de agenda **"SOLICITUD DE AUTORIZACIÓN PARA PUBLICAR TODA LA PRODUCCIÓN INTELECTUAL DE LA UNIVERSIDAD DE ORIENTE EN EL REPOSITORIO INSTITUCIONAL DE LA UDO, SEGÚN VRAC N° 696/2009".**

Leído el oficio SIBI – 139/2009 de fecha 09-07-2009, suscrita por el Dr. Abul K. Bashirullah, Director de Bibliotecas, este Cuerpo Colegiado decidió, por unanimidad, autorizar la publicación de toda la producción intelectual de la Universidad de Oriente en el Repositorio en cuestión.

Comunicación que hago a usted a los fines consiguientes.

Cordialmente,

JUAN A. BOLAÑOS CURVELO
Secretario

C.C: Rectora, Vicerrectora Administrativa, Decanos de los Núcleos, Coordinador General de Administración, Director de Personal, Dirección de Finanzas, Dirección de Presupuesto, Contraloría Interna, Consultoría Jurídica, Director de Bibliotecas, Dirección de Publicaciones, Dirección de Computación, Coordinación de Teleinformática, Coordinación General de Postgrado.

JABC/YGC/maruja

Apartado Correos 094 / Telfs: 4008042 - 4008044 / 8008045 Telefax: 4008043 / Cumaná - Venezuela

Hoja de Metadatos para Tesis y Trabajos de Ascenso – 6/6

Artículo 41 del REGLAMENTO DE TRABAJO DE PREGRADO (vigente a partir del II Semestre 2009, según comunicación CU-034-2009): "Los trabajos de grados son de la exclusiva propiedad de la Universidad de Oriente, y solo podrá ser utilizados para otros fines con el consentimiento del Concejo de Núcleo respectivo, quien deberá participarlo previamente al Concejo Universitario, para su autorización".

Emirjes De Lourdes Maza De Figueroa
AUTOR

María José González
TUTOR

MIX
Papier aus verantwortungsvollen Quellen
Paper from responsible sources
FSC® C105338

Printed by Books on Demand GmbH, Norderstedt / Germany